Tome IV, volume 5.

ENCYCLOPÉDIE

DES

SCIENCES MATHÉMATIQUES

PURES ET APPLIQUÉES

PUBLIÉE SOUS LES AUSPICES DES ACADÉMIES DES SCIENCES DE GÖTTINGUE, DE LEIPZIG, DE MUNICH ET DE VIENNE AVEC LA COLLABORATION DE NOMBREUX SAVANTS.

ÉDITION FRANÇAISE

RÉDIGÉE ET PUBLIÉE D'APRÈS L'ÉDITION ALLEMANDE SOUS LA DIRECTION DE

JULES MOLK,

PROFESSEUR À L'UNIVERSITÉ DE NANCY.

ET POUR CE QUI CONCERNE LA MÉCANIQUE SOUS LA DIRECTION SCIENTIFIQUE DE

PAUL APPELL,

PROFESSEUR À L'UNIVERSITÉ DE PARIS.

TOME IV (CINQUIÈME VOLUME),

SYSTÈMES DÉFORMABLES.

RÉDIGÉ DANS L'ÉDITION ALLEMANDE SOUS LA DIRECTION DE

F. KLEIN ET **C. H. MÜLLER**

PROFESSEUR À L'UNIVERSITÉ DE GÖTTINGUE — PROFESSEUR À L'UNIVERSITÉ TECHNIQUE DE HANOVRE

PARIS,
GAUTHIER-VILLARS ET Cie.

LEIPZIG
B. G. TEUBNER

1914
(4 MARS)

Tome IV; cinquième volume; deuxième fascicule.

Sommaire.

Avis.

Dans l'édition française, on a cherché à reproduire dans leurs traits essentiels les articles de l'édition allemande; dans le mode d'exposition adopté, on a cependant largement tenu compte des traditions et des habitudes françaises.

Cette édition française offrira un caractère tout particulier par la collaboration de mathématiciens allemands et français. L'auteur de chaque article de l'édition allemande a, en effet, indiqué les modifications qu'il jugeait convenable d'introduire dans son article et, d'autre part, la rédaction française de chaque article a donné lieu à un échange de vues auquel ont pris part tous les intéressés; les additions dues plus particulièrement aux collaborateurs français sont mises entre deux astérisques. L'importance d'une telle collaboration, dont l'édition française de l'Encyclopédie offrira le premier exemple, n'échappera à personne.

Fascicules sous presse:

Tome I, vol. 1: **Groupes finis discontinus,** fin (H. Burkhardt — H. Vogt). — **Additions et modifications.** — **Renseignements bibliographiques.** — **Index.**
Tome I, vol. 2: **Invariants,** fin (F. Meyer — J. Drach).
Tome I, vol. 3: **Applications de l'Analyse à la Théorie des nombres,** fin (P. Bachmann J. Hadamard — E. Maillet). — **Corps algébriques** (D. Hilbert — H. Vogt). — **Multiplication complexe** (H. Weber — E. Cahen.)
Tome I, vol. 4: **Économie politique mathématique,** fin (V. Pareto). — **Jeux** (W. Ahrens — C. A. Laisant).
Tome II, vol. 1: **Calcul intégral** (A. Voss — J. Molk).
Tome II, vol. 2: **Fonctions analytiques** (W. F. Osgood — P. Boutroux — J. Chazy).
Tome II, vol. 5: **Groupes continus de transformations** (H. Burkhardt — L. Maurer — E. Vessiot).
Tome II, vol. 6: **Calcul des Variations,** fin (A. Kneser — E. Zermelo — H. Hahn — M. Lecat).
Tome III, vol. 1: **Notions de courbe et surface,** fin (H. von Mangoldt — L. Zoretti). — **Méthodes analytiques et synthétiques** (G. Fano — S. Carrus). — **Géométrie énumérative** (H. G. Zeuthen — M. Pieri).
Tome III, vol. 3: **Coniques,** fin. **Faisceaux de coniques** (F. Dingeldey — E. Fabry). — **Courbes planes algébriques** (L. Berzolari).
Tome III, vol. 4: **Quadriques** (O. Staude — A. Grévy).
Tome IV, vol. 1: **Principes de la mécanique rationnelle** (A. Voss — E. Cosserat — F. Cosserat). — **Mécanique statistique** (P. et T. Ehrenfest — E. Borel.)
Tome IV, vol. 2: **Cinématique,** fin (A. Schoenflies — G. Koenigs). — **Mécanismes** (Grübler — G. Koenigs). — **Statique graphique** (L. Henneberg — H. Vergne).
Tome IV, vol. 3: **Appareils physiques les plus simples** (Ph. Furtwängler — A. Guillet).
Tome IV, vol. 6: **Hydraulique,** fin (Ph. Forchheimer — A. Boulanger).
Tome IV, vol. 7: **Équations fondamentales de l'élasticité** (C. H. Müller — A. Timpe — L. Lecornu). — **Intégration des équations différentielles de l'élasticité** (O. Tedone — R. Garnier).
Tome V, vol. 1: **Mesure** (C. Runge — Ch. Ed. Guillaume).
Tome V, vol. 2: **Atomistique** (F. W. Hinrichsen — M. Joly — J. Roux). — **Stéréochimie** (L. Mamlock — J. Roux). — **Épures des cristaux** (Th. Liebisch — F. Wallerant).
Tome V, vol. 3: **Principes physiques de l'électricité; action à distance** (R. Reiff — A. Sommerfeld — E. Rothé).
Tome V, vol. 4: **Principes physiques de l'optique; anciennes théories** (A. Wangerin — C. Raveau.)
Tome V, vol. 5: **Electrostatique et Magnétostatique** (R. Gans — Edmond Bauer).
Tome VI, vol. 1: **Triangulation géodésique.** — **Mesure des bases et nivellement.** — **Déviation de la verticale** (P. Pizzetti — L. Noirel).
Tome VI, vol. 2: **Marées océaniques et marées internes** (G. H. Darwin — S. S. Hough — E. Fichot).
Tome VII, vol. 1: **Horloges et chronomètres** (E. Caspari). — **Mesure des angles** (F. Cohn — J. Mascart).

COPYRIGHT 1914 BY B. G. TEUBNER IN LEIPZIG.

19.237 20 D [3514]

L'expression

$$p_{xx} + p_{yy} + p_{zz}$$

est invariante dans une transformation orthogonale[107]).

L'accord étroit qui existe entre certaines observations précises et les conséquences des relations précédentes[108]) constitue une preuve convaincante en faveur de la forme linéaire admise.

12. Équations du mouvement d'un fluide visqueux. Si dS désigne un élément de la surface S qui limite une portion de fluide, les composantes parallèlement aux axes de l'effort auquel cette portion de fluide est soumise le long de l'élément dS sont

$$(1)\qquad \begin{aligned} &(lp_{xx} + mp_{xy} + np_{xz})\,dS, \\ &(lp_{yx} + mp_{yy} + np_{yz})\,dS, \\ &(lp_{zx} + mp_{zy} + np_{zz})\,dS, \end{aligned}$$

où l, m, n sont les cosinus directeurs de la normale à l'élément dS dirigée vers l'extérieur. Les équations du mouvement s'obtiennent par le même moyen que pour les fluides parfaits [nº 2]; elles prennent la forme

---

en Allemagne par η, en Angleterre par μ. Sa mesure résulte d'expériences très précises de *J. L. M. Poiseuille*, sur le mouvement des liquides dans les tubes capillaires, Mém. présentés Acad. sc. Institut France (2) 9 (1846), p. 438; des expériences de *O. Reynolds* [Philos. Trans. London 177 A (1886), p. 165], et de celles de *M. Couette* [Études sur le frottement des liquides, Thèse, Paris 1890]; voir pour une bibliographie détaillée, *M. Brillouin*, Viscosité des liquides et des gaz[97]), Paris 1907.*

La valeur de ε pour l'eau à 0° est 0,0178; cette valeur décroît quand la température s'élève; voir *H. von Helmholtz* et *G. von Piotrowski*, Sitzgsb. Akad. Wien 40 (1860), p. 607/58; *H. von Helmholtz*, Wiss. Abh. 1, Leipzig 1882, p. 172; pour l'air à la pression atmosphérique et à 0°, $\varepsilon = 0{,}00017$; ε est à peu près indépendant de la pression, et croît lentement avec la température [cf. *J. Clerk Maxwell*, Philos. Trans. London 156 (1866), p. 249/68]; sur les méthodes d'observation et les résultats expérimentaux voir *L. Graetz* dans *A. Winkelmann*, Handbuch der Physik 1, Breslau 1891, p. 575/602 (article: „Reibung"). Le fait que, pour les fluides ordinaires, ε est petit est essentiel pour beaucoup de recherches.

107) *A. B. Basset*, A treatise on hydrodynamics[33]) 2, Cambridge 1888, p. 238; cf. IV **16**, **15**.

108) En particulier les expériences de *J. L. M. Poiseuille* [Mém. présentés Acad. sc. Institut France (2) 9 (1846), p. 433/544] et les expériences discutées par *G. G. Stokes*, Trans. Cambr. philos. Soc. 9 II (1850/1), éd. 1851, p. [8] à p. [106]; Papers 3, Cambridge 1901, p. 1/141. Ces dernières expériences sont une preuve décisive de l'exactitude des équations du mouvement pour les vitesses faibles. Les premières permettent de prendre en considération un domaine beaucoup plus étendu. Voir aussi *O. Reynolds*[106]).

$$(2)\qquad \begin{cases} \varrho \dfrac{\delta u}{\delta t} = \varrho X + \dfrac{\partial p_{xx}}{\partial x} + \dfrac{\partial p_{xy}}{\partial y} + \dfrac{\partial p_{xz}}{\partial z}, \\ \varrho \dfrac{\delta v}{\delta t} = \varrho Y + \dfrac{\partial p_{yx}}{\partial x} + \dfrac{\partial p_{yy}}{\partial y} + \dfrac{\partial p_{yz}}{\partial z}, \\ \varrho \dfrac{\delta w}{\delta t} = \varrho Z + \dfrac{\partial p_{zx}}{\partial x} + \dfrac{\partial p_{zy}}{\partial y} + \dfrac{\partial p_{zz}}{\partial z}, \end{cases}$$

et, en remplaçant[109]) $p_{xx}, p_{xy}, p_{xz}, \ldots, p_{zx}, p_{zy}, p_{zz}$ par les valeurs données au n° **11** formules (1),

$$(3)\qquad \begin{cases} \dfrac{\delta u}{\delta t} = X - \dfrac{1}{\varrho}\dfrac{\partial p}{\partial x} + \dfrac{1}{3}\nu\dfrac{\partial \Theta}{\partial x} + \nu \Delta u, \\ \dfrac{\delta v}{\delta t} = Y - \dfrac{1}{\varrho}\dfrac{\partial p}{\partial y} + \dfrac{1}{3}\nu\dfrac{\partial \Theta}{\partial y} + \nu \Delta v, \\ \dfrac{\delta w}{\delta t} = Z - \dfrac{1}{\varrho}\dfrac{\partial p}{\partial z} + \dfrac{1}{3}\nu\dfrac{\partial \Theta}{\partial z} + \nu \Delta w, \end{cases}$$

où ν désigne $\frac{\mu}{\varrho}$. Cette quantité ν s'appelle *coefficient de viscosité cinématique.*

Pour des vitesses suffisamment petites, on obtient des équations approchées en remplaçant dans les équations (3) $\frac{\delta}{\delta t}$ par $\frac{\partial}{\partial t}$, ce qui revient à négliger les produits de u, v, w par leurs dérivées par rapport à x, y, z.

Les équations ainsi obtenues sont appelées *équations du mouvement lent.*

A la limite du fluide la condition cinématique exprimée par l'équation (3) [n° 6] doit être remplie. Le long d'une surface de séparation de deux fluides, les composantes de la vitesse et les composantes de l'effort doivent se suivre de manière continue quand on traverse la surface. Le long d'une surface libre entre le fluide et le vide les efforts doivent s'évanouir pour tous les éléments de la surface. Le long de la surface de contact d'un fluide et d'un corps solide, on admet que la vitesse des particules fluides est toujours la même que celle des particules voisines du solide. Cette condition est confirmée par l'expérience[110]). On avait admis tout d'abord une autre

109) *B. de Saint Venant*, C. R. Acad. sc. Paris 17 (1843), p. 1240; *G. G. Stokes*, Trans. Cambr. philos. Soc. 8 (1842/9), éd. 1849, p. 297 [1845]; Papers 1, Cambridge 1880, p. 92.

110) Cette condition introduite à titre d'essai par *G. G. Stokes* [Trans. Cambr. philos. Soc. 8 (1842/9), éd. 1849, p. 299 [1845]; Papers 1, Cambridge 1880, p. 96] a été érigée en principe expérimental par *J. Boussinesq*, Mém. présentés Acad. sc. Institut France (2) 23 (1877), mém. n° 1 (note 2), p. 596/639; résumé dans *J. Boussinesq*, Théorie de l'écoulement tourbillonnant et tumultueux dans les lits rectilignes à grande section, Paris 1897, p. 13.

condition[111]): l'existence d'une vitesse tangentielle finie contrariée par une résistance proportionnelle; elle conduisait à la formule

$$l'(lp_{xx}+mp_{xy}+np_{xz}) + m'(lp_{yx}+mp_{yy}+np_{yz}) + n'(lp_{zx}+mp_{zy}+np_{zz}) = -\beta[l'(u-u') + m'(v-v') + n'(w-w')];$$

l', m', n' sont les cosinus directeurs d'une direction arbitraire du plan tangent à la surface au point considéré; u', v', w' sont les composantes de la vitesse du corps solide en ce point, β est un coefficient de frottement. *On trouvera dans *P. Duhem*[111a]) un historique détaillé et une critique minutieuse des conditions vérifiées aux limites par le fluide.*

13. Dissipation de l'énergie. Tous les mouvements d'un fluide visqueux, à l'exception exclusive de la dilatation homogène et des mouvements possibles pour un corps solide, donnent lieu à une perte d'énergie[112]). Soit S une surface arbitraire fixe dans un espace rempli de fluide; la variation de l'énergie de la masse fluide intérieure à S est déterminée par l'équation

$$(1)\quad \frac{\partial}{\partial t}\iiint \frac{1}{2}\varrho q^2 dx\,dy\,dz = \iint \frac{1}{2}\varrho q^2(lu+mv+nw)\,dS$$
$$-\iint [u(lp_{xx}+mp_{xy}+np_{xz})+v(lp_{yx}+mp_{yy}+np_{yz})+w(lp_{zx}+mp_{zy}+np_{zz})]\,dS$$
$$+\iiint \varrho(Xu+Yv+Zw)\,dx\,dy\,dz + \iiint p\,\Theta\,dx\,dy\,dz - \iiint 2F\,dx\,dy\,dz,$$

où l, m, n ont la même signification qu'au n° **10**, et où F est donné par

$$F = -\tfrac{1}{3}\mu\Theta^2 + \mu(a^2+b^2+c^2+2f^2+2g^2+2h^2).$$

L'ensemble des deux dernières intégrales de l'équation (1) multipliées par dt représente le travail, pendant l'intervalle dt, des efforts intérieurs par suite de la dilatation (première intégrale) et de la viscosité (deuxième intégrale).

Cette dernière intégrale du second membre de l'équation (1), mul-

Elle est confirmée par exemple par les expériences de *J. L. M. Poiseuille*, Mém. présentés Acad. sc. Institut France (2) 9 (1846), p. 443/543, *par celles de *E. Duclaux*, Ann. chimie et phys. (4) 25 (1872), p. 443/501.* Voir *H. Lamb*, Hydrodynamics[64]), p. 521.

111) Voir à ce sujet *C. L. M. H. Navier* [Mém. Acad. sc. Institut France (2) 6 (1823), éd. 1827, p. 398/416] et *S. D. Poisson* [J. Éc. polyt. (1) cah. 20 (1831), p. 161 et suiv.]. *Les expériences de *H. von Helmholtz* et *G. von Piotrowski* [Sitzgsb. Akad. Wien 40 II (1860), p. 607; *H. von Helmholtz*, Wiss. Abh. 1, Leipzig 1882, p. 172] semblent indiquer qu'il peut y avoir dans certains cas un glissement au contact d'un solide. Voir également *W. C. Unwin*, Encyclopaedia britannica, (11e éd.) 14, Cambridge 1910, p. 35/110 (article „hydraulics").*

111a) Recherches sur l'hydrodynamique 2, Paris 1904, p. 79/95.*

112) *G. G. Stokes*, Trans. Cambr. philos. Soc. 9, part II (1850/1) éd. 1851, p. [58]; Papers 3. Cambridge 1901, p. 68.

tipliée par dt, représente la perte d'énergie pendant le temps dt. La fonction F s'appelle pour cela *fonction de dissipation*[113]). Les équations (1) du n° **11** peuvent aussi s'écrire comme il suit

$$p + p_{xx} = \frac{\partial F}{\partial a}, \quad p + p_{yy} = \frac{\partial F}{\partial b}, \quad p + p_{zz} = \frac{\partial F}{\partial c};$$

$$2p_{yz} = \frac{\partial F}{\partial f}, \quad 2p_{zx} = \frac{\partial F}{\partial g}, \quad 2p_{xy} = \frac{\partial F}{\partial h}.$$

Si, par la méthode du calcul des variations, on transforme la variation de l'intégrale

$$\iiint (-F)\, dx\, dy\, dz$$

en une intégrale de surface et une intégrale triple, le coefficient de δu dans l'intégrale triple est

$$\frac{1}{3}\mu \frac{\partial \Theta}{\partial x} + \mu \Delta u;$$

c'est ce même coefficient que contient le terme en δu dans l'intégrale triple qui provient de la transformation de la variation de l'intégrale[114])

$$\iiint - [\tfrac{2}{3}\mu \Theta^2 + 2\mu(\xi^2 + \eta^2 + \zeta^2)]\, dx\, dy\, dz.$$

Ce résultat peut être utilisé pour transformer en coordonnées curvilignes les équations du mouvement[115]).

Si un fluide incompressible a un mouvement permanent sous l'action de forces conservatives, les *équations du mouvement lent* expriment que la variation première de l'intégrale

$$\iiint F\, dx\, dy\, dz,$$

étendue au volume rempli de fluide, est nulle; d'où il suit que le mouvement est déterminé sans ambiguïté par les conditions aux limites[116]).

La rapidité avec laquelle l'énergie se dissipe diminue constamment dans le mouvement lent d'un fluide incompressible, qui se meut sous l'action de forces conservatives, et dans lequel les vitesses aux limites

---

113) Introduit par *J. W. Strutt* (lord *Rayleigh*), Proc. London math. Soc. (1) 4 (1871/3), p. 357; Papers 1, Cambridge 1899, p. 170. Sur la question de savoir si l'énergie dissipée est transformée en chaleur, voir *O. Reynolds,* Philos. Trans. London 186 A (1895), p. 123/64.

114) *D. Bobylev*, Math. Ann. 6 (1873), p. 72/84; *A. R. Forsyth*, Messenger math. (2) 9 (1879/80), p. 134/9.

115) Voir IV 16, 21 c.

116) *H. von Helmholtz*, Verh. des naturhist.-mediz. Vereins Heidelberg (1) 5 (1869/70), p. 1/7 [1868]; Wiss. Abh. 1, Leipzig 1882, p. 224.

sont données. Le mouvement tend donc vers un état déterminé permanent; cet état est stable[117]).

Pour un fluide incompressible enfermé dans un vase fixe fermé et soumis à des forces conservatives, un mouvement permanent, lent ou non, est impossible[118]).

14. Relations avec la théorie moléculaire. La théorie qui assimile un fluide à un système d'éléments matériels remplissant l'espace de manière continue, et agissant les uns sur les autres par des pressions convenables à travers les surfaces qui les séparent, paraît tout à fait suffisante pour expliquer les phénomènes ordinaires relatifs à l'équilibre et au mouvement des fluides. Elle ne s'applique pas au contraire à des phénomènes tels que la diffusion ou l'osmose.

Une théorie complète des mouvements des fluides doit être nécessairement une théorie moléculaire; les deux notions fondamentales, pression et vitesse, exigent alors une définition plus précise.

Même pour les phénomènes auxquels la théorie ordinaire s'applique très bien, on doit nécessairement faire un compromis entre le point de vue moléculaire et le point de vue mécanique, surtout s'il s'agit de capillarité ou de viscosité. En capillarité, on est conduit au point de vue mécanique, dans la théorie de la continuité, par l'hypothèse d'un effort superficiel, hypothèse qui résulte de l'expérience; dans la théorie de la viscosité, on est amené au même point de vue par l'hypothèse que l'énergie est dissipée suivant une loi déterminée. Mais seule la théorie moléculaire peut donner une explication relative à l'origine de cet effort superficiel, ou à la transformation liée à cette perte d'énergie.

Des explications de ce genre se trouvent dans le tome V.

---

117) *D. J. Korteweg*, London Edinb. Dublin philos. mag. (5) 16 (1883), p. 112/8; le théorème a été étendu aux systèmes dissipatifs en général par *J. W. Strutt* (lord *Rayleigh*), London Edinb. Dublin philos. mag. (5) 36 (1893), p. 354/72; Papers 4, Cambridge 1903, p. 78/93.

118) *M. Margules*, Sitzgsb. Akad. Wien 84 II (1881), p. 491/510.

IV 18. DÉVELOPPEMENTS CONCERNANT L'HYDRODYNAMIQUE.

EXPOSÉ, D'APRÈS L'ARTICLE ALLEMAND DE **A. E. H. LOVE** (OXFORD)
PAR **P. APPELL** (PARIS), **H. BEGHIN** (BREST) ET **H. VILLAT** (MONTPELLIER).

Mouvement irrotationnel d'un liquide incompressible.

1a. Généralités sur la distribution des vitesses. La variation de vitesse due à une pression impulsive p_0 est donnée par les équations

$$(1) \qquad \begin{cases} \varrho(u-u_0) = -\dfrac{\partial p_0}{\partial x}, \\ \varrho(v-v_0) = -\dfrac{\partial p_0}{\partial y}, \\ \varrho(w-w_0) = -\dfrac{\partial p_0}{\partial z}. \end{cases}$$

Donc si le liquide part du repos, le mouvement qui se produit ainsi est irrotationnel au départ, le potentiel de vitesses étant $-\frac{p_0}{\varrho}$. Inversement dans tout mouvement irrotationnel d'un liquide incompressible, le potentiel des vitesses à chaque instant peut être représenté par $-\frac{p_0}{\varrho}$, p_0 étant la pression impulsive susceptible de produire instantanément la distribution de vitesses du liquide donné à l'instant donné[1]). Un mouvement cyclique irrotationnel dans un espace de connexion multiple peut être produit par des pressions impulsives exercées sur les coupures par lesquelles on rend l'espace simplement connexe[2]). Si $d\omega_r$ désigne un petit élément de la coupure traversée

1) *A. B. Basset*, A treatise on hydrodynamics 1, Cambridge 1888, p. 38; 2, Cambridge 1888; *H. Lamb*, Hydrodynamics, Cambridge 1895, p. 13, 50. Le résultat avait déjà été donné par *J. L. Lagrange*, Mécanique analytique (3e éd.) 2, Paris 1855, p. 250; Œuvres 12, Paris 1889, p. 273. Les équations du mouvement impulsif sont les mêmes pour les fluides visqueux que pour les fluides parfaits.

Sauf avis contraire, les forces extérieures seront supposées conservatives et le fluide non visqueux. Si le fluide est compressible, la pression sera supposée fonction uniforme de ϱ; s'il est incompressible, il sera supposé homogène.

2) *W. Thomson*, On vortex-motion, Trans. R. Soc. Edinb. 25 (1869), p. 217/60

par les courbes fermées le long desquelles la circulation est la constante cyclique $\varkappa_r$, la pression impulsive à appliquer à ce petit élément est

$$\varrho \varkappa_r d\omega_r.$$

La distribution des vitesses dans un liquide incompressible étant solénoïdale[3]), le potentiel φ est une fonction harmonique dans la région occupée par le liquide[4]).

Si cette région est simplement connexe, φ est donc complètement déterminé à une constante additive près dès qu'on se donne la composante normale de la vitesse le long de la surface limite S et par suite dès qu'on se donne le mouvement de cette surface[5]). L'énergie cinétique du liquide est d'après le théorème de Green[6])

$$-\frac{1}{2}\varrho \int\int \varphi \frac{\partial \varphi}{\partial \nu} dS,$$

où $\frac{\partial \varphi}{\partial \nu}$ est la dérivée de φ prise suivant la normale intérieure à la surface S; cette énergie cinétique est plus petite que celle de tout autre mouvement du même liquide avec les mêmes composantes normales de la vitesse le long de S. Il en résulte que si cette surface limite S est mise en mouvement d'une manière quelconque (à condition de ne pas altérer le volume intérieur), un état déterminé de mouvement irrotationnel sera provoqué dans le liquide[6]). Si la surface S reste en repos, il ne peut se produire aucun mouvement. Si la surface S se meut d'un mouvement de translation qui laisse sa forme invariable, le liquide reste en équilibre relatif. Dans le cas général les maximés et minimés de φ ont lieu sur la surface S[7]); il en est de même du maximé de la vitesse q[8]).

[1867]; Papers 4, Cambridge 1910, p. 13/66; *H. Lamb*, Hydrodynamics[1]), p. 36 (chap. 3).

3) IV 16, 8 et IV 17, 6.

4) Si le fluide est compressible, la vitesse n'est pas nécessairement solénoïdale, et φ n'est par suite pas nécessairement harmonique. L'équation différentielle vérifiée par φ a été donnée par *P. Molenbroeck*, Archiv Math. Phys. (2) 9 (1890), p. 157/95.

5) L'intégrale de ces composantes normales de la vitesse le long de la surface limite doit naturellement être nulle. Pour la détermination univoque de φ voir *W. Thomson* et *P. G. Tait*, Treatise on natural philosophy, (1re éd.) Oxford 1867; (2e éd.) 1[2], Cambridge 1883, p. 301; *H. Lamb*, Hydrodynamics[1]), p. 45. Pour le théorème d'existence utilisé dans le texte, cf. *H. Poincaré*, Théorie du potentiel newtonien, Paris 1899, p. 320 et suiv. Voir II 24.

6) *W. Thomson*, Cambr. Dublin math. J. 4 (1849), p. 90/4; Papers 1, Cambridge 1882, p. 107.

7) Cf. II 24.

8) *W. Thomson*, London Edinb. Dublin philos. mag. 37 (1850), p. 241;

Si la région occupée par le liquide est de connexion multiple, la distribution des vitesses est complètement déterminée dès qu'on connaît les constantes cycliques et la composante normale de la vitesse le long de la surface limite S.[8]) L'énergie cinétique du liquide est

$$-\frac{1}{2}\varrho\iint\varphi\frac{\partial\varphi}{\partial\nu}dS+\frac{1}{2}\sum_{r=1}^{r=n}\varkappa_r\iint\frac{\partial\varphi}{\partial\nu_r}d\omega_r,$$

la première intégrale étant étendue à la surface S, les autres étant étendues aux n coupures qui rendent l'espace considéré simplement connexe; $\frac{\partial\varphi}{\partial\nu_r}$ est la dérivée de φ prise suivant la normale à l'élément $d\omega_r$ dans le sens de la pression impulsive p_0 qui produirait le mouvement.

Si la région occupée par le liquide s'étend à l'infini, des données particulières sont nécessaires à l'infini: si le liquide s'étend à l'infini dans toutes les directions, c'est-à-dire si la surface limite S est tout entière à distance finie, on fait ordinairement l'une des deux hypothèses suivantes: a) la vitesse s'annule à l'infini, c'est-à-dire $\varphi=$ const. pour tous les points infiniment éloignés. b) Les vitesses de tous les points infiniment éloignés sont équipollentes, c'est-à-dire par exemple

$$\frac{\partial\varphi}{\partial x}=\text{const.},\quad\frac{\partial\varphi}{\partial y}=0,\quad\frac{\partial\varphi}{\partial z}=0.$$

Si la composante w de la vitesse est nulle dans tout le liquide et si les composantes u et v sont indépendantes de z, les éléments liquides situés dans un plan parallèle au plan des xy y restent constamment, et le mouvement est le même dans tous ces plans. On dit que le mouvement est à deux dimensions. On peut limiter la région occupée par le liquide à deux plans parallèles au plan des xy voisins ou non l'un de l'autre. Les mouvements irrotationnels à deux dimensions dépendent de potentiels logarithmiques[9]); ceux à trois dimensions dépendent de potentiels newtoniens.

1b. Sources et doublets. Si le mouvement d'un liquide est irrotationnel et entièrement symétrique autour d'un point fixe A, le potentiel des vitesses à un instant quelconque est de la forme

$$-Mr^{-1}$$

($M=$ const. dans tout le liquide), r désignant la distance du point A

Reprint of papers on electrostatics and magnetism, (1re éd.) Londres 1872, p. 509; (2e éd.) Londres 1884. Voir aussi *G. Kirchhoff*, Mechanik, (1re éd.) Leipzig 1876; (2e éd.) Leipzig 1877; (3e éd.) Leipzig 1883, p. 186; (4e éd.) Leipzig 1897; *H. Lamb*, Hydrodynamics [1]), p. 42.

9) La théorie est développée systématiquement entre autres par *G. Kirchhoff*, Mechanik [8]), (3e éd.) p. 273/89.

à un point quelconque (x, y, z) du liquide. Une surface fermée entourant A est traversée dans le temps dt par un volume $4\pi M dt$ de liquide. Le point singulier A est une *source positive* si

$$M > 0,$$

une *source négative* si

$$M < 0;$$

M est l'*intensité* de la source.

*Plus généralement, si le potentiel des vitesses est à un instant donné de la forme

$$\varphi = -\frac{M_1}{r_1} - \frac{M_2}{r_2} - \cdots - \frac{M_n}{r_n} + \varphi'(x, y, z),$$

$M_1, M_2, \ldots, M_n$ étant des constantes positives ou négatives, $r_1, r_2, \ldots, r_n$ les distances d'un point (x, y, z) variable dans le liquide à n points $A_1, A_2, \ldots, A_n$, $\varphi'(x, y, z)$ une fonction harmonique uniforme, finie et continue dans la région occupée par le liquide, on dit que les points singuliers $A_1, A_2, \ldots, A_n$ sont des sources d'intensités $M_1, M_2, \ldots, M_n$. Le volume de liquide traversant dans le temps dt une surface fermée fixe entourant les sources est

$$4\pi(M_1 + M_2 + \cdots + M_n)dt;$$

de sorte que si le liquide remplit entièrement l'intérieur d'une surface fermée fixe, la somme des intensités des sources est nulle.*

Deux sources infiniment voisines d'intensités M et $-M$ forment un *doublet*. Le produit

$$M' = Mh$$

de l'intensité M par la distance h des deux sources est le *moment* du doublet, on le suppose fini. Le potentiel de vitesses dû à ce doublet est

$$M' r^{-2} \cos\theta,$$

où θ désigne l'angle que fait l'axe du doublet avec la ligne de longueur r qui joint le doublet au point (x, y, z). Dans un mouvement à deux dimensions, les potentiels de vitesses pour une source et pour un doublet sont respectivement

$$M \log_e r \quad \text{et} \quad M' r^{-1} \cos\theta.$$

L'un des premiers théorèmes démontrés dans la théorie du potentiel [cf. II 24] s'interprète de la manière suivante: tout mouvement irrotationnel d'un liquide incompressible peut être regardé à chaque instant comme provenant de sources et de doublets. Si la région occupée par le liquide est simplememt connexe, il suffit de répartir des sources sur la surface limite[10]. Si elle est de connexion multiple,

10) *H. Lamb*, Hydrodynamics[1]), p. 63 et suiv. Le résultat est déjà contenu

il faut en outre répartir des doublets sur les coupures par lesquelles on rendrait la région simplement connexe[11]).

1c. Images. Étant donné un liquide indéfini, j'imagine qu'on l'ait séparé à l'instant t_0 en deux portions L_1, L_2 par une surface S_0 fermée ou s'étendant jusqu'à l'infini. Les éléments liquides qui formaient la surface S_0 forment à chaque instant t une surface S séparant constamment les portions L_1 et L_2 qui peuvent par suite être considérées comme se mouvant indépendamment l'une de l'autre: on pourrait, sans modifier le mouvement de L_1, remplacer la portion L_2 par la surface S réalisée matériellement. En particulier la surface S peut être fixe. On dit, d'après *W. Thomson*, que le mouvement de L_2 est l'*image* du mouvement de L_1 par rapport à la surface S. Les singularités du mouvement de L_2 sont les *images* des singularités du mouvement de L_1[12]).

Je suppose que la surface S soit fixe et qu'il y ait n sources $A_1, A_2, \ldots, A_n$ dans le liquide L_1. Le potentiel de vitesses dans L_1 est

$$\varphi = -\frac{M_1}{r_1} - \frac{M_2}{r_2} - \frac{M_3}{r_3} - \cdots - \frac{M_n}{r_n} + \varphi'(x, y, z),$$

φ' étant une fonction harmonique finie et uniforme dans toute l'étendue de L_1 et provenant par suite de singularités intérieures à L_2; il faut chercher quelles doivent être ces singularités, images des sources $A_1, A_2, \ldots, A_n$, pour que la composante normale $\frac{\partial \varphi}{\partial \nu}$ de la vitesse soit nulle tout le long de S. Le potentiel φ' dû à l'image d'une

---

dans *G. Green*, An essay on the application of mathematical analysis to the theories of electricity and magnetism, Nottingham 1828, p. 73/89; fac simile réimpr. Paris 1903; J. reine angew. Math. 39 (1850), p. 73/89; 44 (1852), p. 356/74; 47 (1854), p. 161/221; Papers, publ. par *N. M. Ferrers*, Londres 1871, p. 30. L'expression des composantes de la vitesse d'un fluide au moyen de l'attraction de certaines masses fictives réparties sur la surface limite a été utilisée par *J. Boussinesq* [Mém. présentés Acad. sc. Institut France (2) 23 (1877), p. 1/666] ainsi que dans beaucoup de ses écrits ultérieurs, pour arriver à une théorie approchée de la vena contracta.

11) *H. Lamb*, Hydrodynamics [1]), p. 68.

12) *G. G. Stokes* [Trans. Cambr. philos. Soc. 8 (1842/9), éd. 1849, p. 105/37 [1843]; Papers 1, Cambridge 1880, p. 28] a montré la possibilité d'appliquer la méthode des images en Hydrodynamique. *W. Thomson* [J. math. pures appl. (1) 10 (1845), p. 364; Reprint of papers [8]), (1re éd.) p. 144] a développé une théorie correspondante pour l'électrostatique. *Voir aussi *H. von Helmholtz*, J. reine angew. Math. 55 (1858), p. 25; Wiss. Abh. 1 (1882), p. 101; *J. Clerk Maxwell*, Proc. R. Soc. London 20 (1871/2), p. 160/8; A treatise on electricity and magnetism, (1re éd.) 1, Londres 1873, p. 191/253; trad. *G. Seligmann-Lui*, Traité d'électricité et de magnétisme 1, Paris 1885, p. 296/372.*

source d'intensité 1 est défini par la condition

$$\frac{\partial \varphi'}{\partial \nu} = \frac{\partial r^{-1}}{\partial \nu}$$

tout le long de la surface S.

L'image d'une source dans un plan fixe indéfini est une source égale symétrique de la première, comme le serait son image dans un miroir. Si le liquide L_1 est situé entre deux plans fixes parallèles[12a])

$$x = \pm k,$$

l'image du point (a, b, c) se compose d'une infinité de sources situées aux points

$$x = \pm 2nk + (-1)^n a, \quad y = b, \quad z = c.$$

L'image d'une source d'intensité M extérieure à une sphère fixe de rayon a, à la distance c du centre, se compose d'une source d'intensité $\frac{Ma}{c}$ au point inverse et d'une ligne de sources joignant ce point au centre avec l'intensité $\frac{-M}{a}$ par unité de longueur[13]); l'image d'un doublet de moment M', dont l'axe passe par le centre de la sphère, est un doublet de moment $\frac{M'a^3}{c^3}$ placé au point inverse, avec le même axe en sens contraire[14]). Dans un mouvement à deux dimensions, l'image d'une source d'intensité M extérieure à un cercle fixe se compose d'une source égale au point inverse[15]) et d'une source d'intensité $-M$ au centre[16]).

1d. Mouvement à deux dimensions[16a]). Pour tout mouvement à deux dimensions d'un liquide incompressible, il existe à chaque instant

---

12a) *W. M. Hicks, Quart. J. pure appl. math. 15 (1878), p. 274.*

13) *W. M. Hicks*, Philos. Trans. London 171 II (1881), p. 457 [1879]. Le mouvement déterminé par deux sources de signes contraires à l'intérieur d'un secteur sphérique entre deux plans diamétraux a été traité par *G. C. Calliphronas*, Messenger math. (2) 18 (1888/9), p. 185/91.

14) *G. G. Stokes*, Report Brit. Assoc. 16, Southampton 1846, éd. Londres 1847; Papers 1, Cambridge 1880, p. 230. *Pour l'image d'un doublet dont l'axe est perpendiculaire à la ligne qui le joint au centre de la sphère, voir *W. M. Hicks*, Proc. Cambr. philos. Soc. 3 (1876/80), éd. 1880, p. 276/85.*

15) Ce résultat est dû à *G. Kirchhoff*, Ann. Phys. und Chemie, Zweite Folge (3) 4 (1845), p. 497/514; Ges. Abh., Leipzig 1882, p. 1.

16) *Pour le mouvement d'un liquide à l'intérieur d'un parallélépipède rectangle, voir *P. Appell*, Acta math. 8 (1886), p. 265/94; J. math. pures appl. (4) 3 (1887), p. 5/52; *M. Lerch*, id. (5) 5 (1899), p. 427/33. Des cas particuliers du problème relatif à un prisme rectangle indéfini ont été résolus par *J. Boussinesq* [C. R. Acad. sc. Paris 70 (1870), p. 33/6, 177/81, 1279/83], *B. de Saint-Venant* [id. 67 (1868), p. 131/7, 203/11; 68 (1869), p. 221/37, 290/301; 70 (1870), p. 360/7].*

une fonction ψ[17]) telle que

$$(1) \qquad u = \frac{\partial \psi}{\partial y}, \quad v = -\frac{\partial \psi}{\partial x}.$$

Les courbes ψ = const. sont les lignes de courant.

La différence

$$\psi_A - \psi_B$$

mesure le volume de liquide qui traverse dans l'unité de temps une courbe arbitraire joignant les points A et B[18]). S'il y a des sources dans le liquide, la fonction ψ est multiforme: elle s'accroît de $2\pi M$, lorsque le point (x, y) décrit un contour fermé dans le sens positif autour de la source d'intensité M.

Dans un mouvement irrotationnel,

$$w = \varphi + i\psi$$

est une fonction de

$$z = x + iy;$$ [17])

inversement toute fonction w de z définit une distribution de vitesses pour un mouvement irrotationnel à deux dimensions de liquide incompressible. La relation

$$w = m \log_e z$$

correspond à une source d'intensité m au point

$$z = 0;$$

la relation

$$w = -im\pi^{-1} \log_e z$$

correspond à un tourbillon isolé[19]) de moment m au point

$$z = 0.$$

La distribution de vitesses provenant de n sources est donnée par

$$w = \sum_{r=1}^{r=n} m_r \log_e (z - z_r).$$

Si

$$|m_1| = |m_2| = \cdots,$$

les lignes de courant sont du $n^{\text{ième}}$ degré[20]). Soit w la fonction de

$$Z = X + iY$$

16a) Au sujet de mouvement à deux dimensions, irrotationnel ou non, d'un fluide compressible ou non, voir IV 17, 8 note 77a.

17) *J. L. Lagrange*, Nouv. Mém. Acad. Berlin 12 (1781), éd. 1783, p. 172; Œuvres 4, Paris 1869, p. 720; *G. G. Stokes*, Trans. Cambr. philos. Soc. 7 (1838/42), éd. 1842, p. 441/2; Papers 1, Cambridge 1880, p. 3/4. Cf. IV 16, 8.

18) *W. J. M. Rankine*, Philos. Trans. London 154 (1864), p. 370 [1863].

19) Pour la définition du tourbillon isolé voir IV 17, 9.

20) *W. R. Smith*, Proc. R. Soc. Edinb. 7 (1869/72), p. 79/99 [1870].

définissant une distribution de vitesses dans un domaine D du plan Z; soit

$$Z = f(z)$$

une relation établissant une représentation conforme du domaine D sur un domaine d du plan z; w est ainsi fonction de z et définit par suite un mouvement correspondant au premier dans le domaine d[21]). Les singularités se correspondent dans les deux mouvements: les intensités des sources ou tourbillons se conservent dans la transformation[21]).

En particulier, si le domaine D du plan Z est le demi-plan

$$Y > 0,$$

si le domaine d du plan z est simplement connexe et contient les points à l'infini, si Z_∞ désigne le point du plan Z correspondant à z infini, si l'on désigne par Z' l'imaginaire conjuguée de Z, le mouvement provenant d'une source d'intensité m placée au point z_0 est déterminé par la fonction

$$w = m \log_e \frac{(Z - Z_0)(Z - Z_0')}{(Z - Z_\infty)(Z - Z_\infty')}. \tag{2}$$

Le mouvement provenant d'un tourbillon d'intensité m placé au point z_0 est déterminé par

$$w = -\frac{im}{\pi} \log_e \left(\frac{Z - Z_0}{Z - Z_0'}\right). \tag{3}$$

La vitesse avec laquelle ce tourbillon se déplace est

$$\frac{m}{2\pi}\frac{\partial}{\partial y_0}\log_e\left\{Y_0\left|\frac{dz}{dZ}\right|_0\right\}, \quad -\frac{m}{2\pi}\frac{\partial}{\partial x_0}\log_e\left\{Y_0\left|\frac{dz}{dZ}\right|_0\right\}. \tag{4}$$

Sa trajectoire est déterminée par cela même[21]). Comme exemple, si, la limite est formée de deux droites parallèles fixes

$$y = 0, \quad y = c,$$

on fera la transformation

$$Z = e^{\frac{cz}{\pi}};$$

si elle est formée par les droites

$$y = 0, \qquad y = x \operatorname{tg} \frac{\pi}{n},$$

on posera

$$Z = z^n;$$

si la limite est un cercle

$$x^2 + y^2 = a^2,$$

on posera[22])

$$\frac{z}{a} = \frac{(i - Z)}{(i + Z)}.$$

21) *E. J. Routh*, Proc. London math. Soc. (1) 12 (1880/1), p. 81/9.

22) **H. von Helmholtz* [Monatsb. Akad. Berlin 1868, p. 215; Wiss. Abh. 1,

Si le mouvement dans le plan z a lieu dans le domaine extérieur à une seule courbe fermée C, ne se traversant pas, cette courbe C étant variable ou non, s'il n'y a pas de singularités dans ce domaine, on peut regarder le mouvement comme provenant de singularités situées entre C et une position voisine. Soit r la distance d'un point quelconque z à un point fixe O intérieur à C; il existe une fonction X harmonique à l'extérieur de C, prenant sur C la valeur constante X_0 et vérifiant en outre la condition[23])

$$\lim_{r=+\infty}(X-\log_e r)=0.$$

Cette fonction est déterminée sans ambiguïté par ces conditions, elle est indépendante de la position de O à l'intérieur de C; elle représente le potentiel dû à la répartition naturelle d'une masse électrique -2π le long de C. Les courbes

$$X=\text{const.}$$

ne se coupent ni elles-mêmes ni entre elles. La fonction Y conjuguée de X est cycliquement harmonique dans le domaine extérieur à C, sa constante *cyclique* est 2π. Si l'on pose

$$Z=X+iY,\quad Z_1=e^Z,$$

la relation qui en résulte entre z et Z_1 établit une représentation conforme du domaine extérieur à C dans le plan z sur le domaine extérieur à un cercle dont l'équation est

$$|Z_1|=e^{X_0}.$$

Leipzig 1882, p. 154] traita le problème d'un jet liquide à deux dimensions.* Sa méthode a été généralisée et appliquée à un certain nombre de cas par *G. Kirchhoff*, Mechanik[8]), (3ᵉ éd.) p. 280/9, 290/307. *Ces recherches ont été exposées et généralisées par *C. Sautreaux*, Thèse, Paris 1893; J. math. pures appl. (5) 7 (1901), p. 125/59. Il y a des réserves à faire sur les résultats exposés. Voir n° 1e pour les développements ultérieurs pris par cette théorie.*

A. G. Greenhill [Quart. J. pure appl. math. 15 (1878), p. 10/29] applique la méthode des images à de nombreux problèmes relatifs à des droites et des cercles; voir aussi *E. Jochmann*, Z. Math. Phys. 10 (1865), p. 48/58, 89/109; *A. G. Greenhill*, Quart. J. pure appl. math. 17 (1881), p. 284/92; Proc. London math. Soc. (1) 17 (1885/6), p. 375; *W. M. Hicks*, Quart. J. pure appl. math. 15 (1878), p. 313; *T. C. Lewis*, Messenger math. (2) 9 (1879/80), p. 93/5; *A. J. C. Allen*, Quart. J. pure appl. math. 17 (1881), p. 65/86 [1879]; *A. E. H. Love*, Amer. J. math. 11 (1889), p. 158/71; *J. Andrade*, C. R. Acad. sc. Paris 112 (1891), p. 418/21; pour le cas de limites elliptiques voir *C. V. Coates*, Quart. J. pure appl. math. 15 (1878), p. 356/65, et *W. M. Hicks*, id. 17 (1881), p. 327/51. Pour le cas d'ovales de Descartes, voir *A. G. Greenhill*, id. 18 (1882), p. 346/62.

23) Cf. par ex. *A. Harnack*, Grundlagen der Theorie des logarithmischen Potentials, Leipzig 1887, p. 80.

La relation entre z et Z définit une représentation conforme de ce même domaine du plan z sur un cylindre de révolution de rayon 1 limité à une section droite;

$$X - X_0$$

est la distance d'un point du cylindre au plan de cette section, Y la distance de ce point à une génératrice fixe, cette distance étant comptée le long de la section droite.

Si le mouvement a lieu dans le domaine du plan Z extérieur à la courbe C, on peut poser

$$w = (2\pi)^{-1}(m - i\varkappa)z + w',$$

w' étant uniforme dans ce domaine; m est le flux à travers cette courbe C et $\varkappa$ la circulation le long d'un contour entourant C. Le mouvement représenté par w' provient du mouvement de la courbe C dans la direction de ses normales. L'aire de C reste inaltérée. Posons

$$w' = \varphi' + i\psi',$$

et représentons par ds l'élément d'arc de C. La composante normale de la vitesse du liquide en un point de C est une fonction donnée d'Y qui a la période 2π; comme elle est égale à $\frac{d\psi'}{ds}$, ψ' est déterminée le long de C à une constante additive près. On peut la regarder comme une fonction périodique de Y avec la periode 2π. Si on la suppose développée en série de Fourier

$$(5) \qquad \sum_{n=0}^{n=+\infty}(a_n \cos nY + b_n \sin nY),$$

on a alors[24])

$$(6) \qquad w' = \sum_{n=0}^{n=+\infty} e^{-n(X-X_0)}(a_n \cos nY + b_n \sin nY).$$

Si en particulier la valeur de ψ' sur C est

$$uy - vx,$$

le mouvement provient d'une translation de C avec la vitesse (u, v) Soit w_1 la valeur correspondante de w. L'équation

$$w = (u - iv)z - w_1$$

représente le mouvement du liquide le long de la courbe C maintenue fixe. A une grande distance de C, la vitesse tend vers la limite (u, v).

---

24) Cette théorie est une généralisation de celle de *G. G. Stokes* [Trans. Cambr. philos. Soc. 8 (1842/9), p. 105 [1848]; Papers 1, Cambridge 1880, p. 17] relative à des limites circulaires concentriques. Pour les domaines limités à des cercles non concentriques, voir les notes 80 et 90.

Si la valeur de ψ' sur C est

$$-\tfrac{1}{2}r(x^2+y^2),$$

le mouvement résulte d'une rotation de la courbe C avec la vitesse angulaire r.

Pour un cercle de rayon a ayant pour centre l'origine, se déplaçant avec la vitesse u parallèlement à l'axe des x, on a[25])

$$w = -ua^2z^{-1}.$$

Pour une ellipse

$$\frac{x^2}{a^2}+\frac{y^2}{b^2}=1,$$

dont le centre se déplace avec la vitesse (u, v) et qui tourne avec la vitesse angulaire r, on pose

$$z=(a^2-b^2)^{\frac{1}{2}}\cosh Z,$$

et l'on a alors[26])

$$(7)\qquad w=-(ub+iva)\left(\frac{a+b}{a-b}\right)^{\frac{1}{2}}e^{-Z}-\frac{1}{4}ir(a+b)^2e^{-2Z}.$$

Une méthode analogue s'applique au mouvement à l'intérieur d'une courbe fermée, provoqué par le mouvement de cette courbe[27]). Si la limite tourne avec la vitesse angulaire r autour de l'origine, la fonction de courant doit satisfaire à la limite à la condition[28])

$$(8)\qquad \psi=-\tfrac{1}{2}r(x^2+y^2)+\text{const.}$$

25) *G. G. Stokes*[24]). Pour les trajectoires des éléments fluides, voir *J. Clerk Maxwell,* Proc. London math. Soc. (1) 3 (1869/71), p. 82; Papers 2, Cambridge 1890, p. 208.

26) Les résultats relatifs à l'ellipse ont été déduits par *E. Beltrami* [Memorie Ist. Bologna (3) 3 (1872/3), p. 394/401] de ceux relatifs à l'ellipsoïde. La fonction de courant dans le cas de la rotation a été donnée par *N. M. Ferrers,* Quart. J. pure appl. math. 13 (1875), p. 121 [1874]; la solution complète par *H. Lamb,* id. 14 (1877), p. 40/3 [1875]. Des mouvements de fluides dans un domaine limité par des ellipses homofocales et divers problèmes relatifs au mouvement d'un cylindre elliptique dans un fluide incompressible ont été discutés par *A. G. Greenhill,* Quart. J. pure appl. math. 16 (1879), p. 227/34. Des solutions relatives à des courbes inverses de coniques ont été données par *A. B. Basset,* id. 19 (1883), p. 190/212; 20 (1885), p. 234/50 [1883]; 21 (1886), p. 336/9; les conditions qui déterminent la fonction Z ne sont d'ailleurs pas toutes observées dans ces travaux; **A. B. Basset* [Quart. J. pure appl. math. 36 (1905), p. 267/79] est revenu ensuite sur ces problèmes.*

27) La détermination de la fonction harmonique appropriée peut présenter des difficultés: Ainsi dans le cas des coordonnées elliptiques introduites plus haut,

$$\operatorname{ch} nX\cdot\operatorname{ch} nY \quad\text{et}\quad \operatorname{sh} nX\cdot\operatorname{sh} nY$$

sont harmoniques en tout point intérieur à l'ellipse $X=\text{const.}$, mais ce n'est pas le cas pour $e^{\pm nX}\cos nY$.

28) *G. G. Stokes,* Trans. Cambr. philos. Soc. 8 (1842/9), p. 409 [1846]; Papers 1, Cambridge 1880, p. 188 et aussi p. 7 en note. Le problème est mathématiquement

Pour une ellipse contenant un liquide incompressible, on a

$$w = -\frac{1}{2} ir \frac{a^2 - b^2}{a^2 + b^2} z^2. \tag{9}$$

Une méthode expérimentale pour rendre visibles les lignes de courant dans un mouvement à deux dimensions le long d'une limite donnée a été imaginée par *H. S. Hele-Shaw*[29]). On fait couler des courants de liquide coloré et de liquide non coloré le long d'un obstacle dans l'espace compris entre deux verres parallèles. Si la vitesse du liquide n'est pas trop grande, les lignes de courant sont permanentes et peuvent être photographiées. *G. G. Stokes*[30]) a montré que la vitesse moyenne d'un liquide visqueux, dans ces conditions, suit très approximativement la même loi que la vitesse d'un liquide parfait.

La théorie des mouvements à deux dimensions peut être développée pour d'autres surfaces que des plans au moyen de la représentation conforme[31]).

1e. Mouvements discontinus à deux dimensions (Mouvements glissants). Le potentiel de vitesses étant connu, la pression est donnée par l'équation (8) [IV 17, 7]. Or il peut arriver que les solutions trouvées par les méthodes précédentes ne remplissent pas la condition physique pour la pression d'être positive dans toute l'étendue du liquide.

---

identique à celui de la torsion d'un prisme élastique dont la section a le même contour que la région occupée par le fluide; voir *W. Thomson* et *P. G. Tait*, Natural philos.[5]), (2e éd.) 1², p. 242. Le résultat (9) paraît avoir été donné pour la première fois par *B. de Saint-Venant*, C. R. Acad. sc. Paris 24 (1847), p. 847. Des solutions relatives à différents genres de limites se trouvent dans *W. Thomson* et *P. G. Tait*, Natural philos.[5]), (2e éd.) 1², p. 244 et suiv.; voir aussi *A. B. Basset* [Hydrodynamics[1]) 1, p. 96/119] et *H. Lamb* [Hydrodynamics[1]), p. 96/119]. Pour un rectangle la vitesse a été exprimée en fonctions elliptiques par *A. G. Greenhill*, Quart. J. pure appl. math. 15 (1878), p. 144. Pour un secteur circulaire voir *A. G. Greenhill*, Messenger math. (2) 8 (1878/9), p. 89; (2) 10 (1880/1), p. 83. Pour des ellipses et hyperboles homofocales, pour des paraboles de même foyer, voir *N. M. Ferrers* [Quart. J. pure appl. math. 17 (1881), p. 227/44] et *L. N. G. Filon* [Philos. Trans. London 193 A (1900), p. 309/52].

29) Proc. Inst. Naval Architects London 1898, p. 40; C. R. Acad. sc. Paris 132 (1901), p. 1306; Report Brit. Assoc. 68, Bristol 1898, éd. Londres 1899, p. 136/42.

30) Report Brit. Assoc. 68, Bristol 1898, éd. Londres 1899, p. 143.

31) *H. Lamb*, Hydrodynamics[1]), p. 114. *E. Beltrami* [Reale Ist. Lombardo Rendic. (2) 11 (1878), p. 668] a traité le cas de courants sur une sphère provoqués par le mouvement d'une calotte sphérique. *W. Burnside* [Messenger math. (2) 20 (1890/1), p. 144; Proc. London math. Soc. (1) 22 (1890/1), p. 346; (1) 23 (1891/2), p. 87]; et aussi *H. E. Baker* [Proc. Cambr. philos. Soc. 9 (1895/8), p. 381] ont traité le cas de mouvements sur des surfaces de Riemann et dans des domaines plans de connexion multiple. Pour de plus amples renseignements bibliographiques voir l'article II 24.

Ainsi dans le cas d'un cercle animé d'un mouvement uniforme défini par la relation

$$w = -ua^2z^{-1},$$

dans un liquide qui n'est soumis à aucune force donnée, la pression à l'infini doit être supérieure à $\frac{3}{2}\varrho u^2$. S'il en est autrement, la pression devient négative dans le voisinage des points les plus éloignés du plan $y = 0$. Dans le cas du mouvement uniforme d'une ellipse, la vitesse à l'extrémité du grand axe peut dépasser toute valeur donnée si l'excentricité est suffisamment petite; et par suite aucune pression à l'infini ne peut empêcher la pression de devenir négative dans le voisinage de ces extrémités. Dans le cas d'une limite ayant la forme d'un angle aigu, cette particularité se produit toujours[32]). L'observation montre que toutes les fois qu'on produit un mouvement de liquide près d'un obstacle, une plage de fluide mort tend à se produire derrière l'obstacle[33]). Le point essentiel est qu'il se produit une surface de discontinuité parfaitement nette qui sépare un courant de vitesse finie d'une masse liquide en repos. Une surface de séparation de ce genre se forme en particulier dans les jets fluides[34]). *H. Blasius*[34a]) a donné, d'autre part, de la naissance de telles surfaces en présence d'obstacles solides, une description très satisfaisante.

*Il est essentiel de rappeler que l'existence de ces surfaces de discontinuité a été discutée par *W. Thomson*[35]) avec des arguments qui sont loin d'être décisifs et dont le principal a été réfûté par *M. Brillouin*[36]). *J. Hadamard*[37]) a également fait voir que si rien ne s'oppose à la présence de telles surfaces de discontinuité, ces surfaces ne sauraient naître dans un fluide parfait; *M. Brillouin*[38]) a montré que la difficulté n'est qu'apparente. Elle se présente d'ailleurs surtout si l'on suppose non seulement la continuité de la pression à travers la surface en question, mais aussi celle de la densité. Or cette

32) *H. Lamb,* Hydrodynamics [1]), p. 100; *M. Brillouin,* Ann. Fac. sc. Toulouse (1) 1 (1887), mém. nº 5, p. 41 et suiv.

33) Remarqué par *G. G. Stokes,* Trans. Cambr. philos. Soc. 8 (1842/9), p. 533 [1847]; Papers 1, Cambridge 1880, p. 310.

34) *H. von Helmholtz,* Monatsb. Akad. Berlin 1868, p. 215/28; Wiss. Abh. 1, Leipzig 1882, p. 146.

34a) *Z. Math. Phys. 56 (1908), p. 1/36.*

35) *Nature (Londres) 50 (1894), p. 524, 549, 573, 597; Papers 4, Cambridge (Londres) 1910, p. 215/39.*

36) *C. R. Acad. sc. Paris 151 (1910), p. 931/3; Ann. chimie et phys. (8) 22 (1911), p. 433/40.*

37) *C. R. Acad. sc. Paris 136 (1903), p. 299/301, 545; Leçons sur la propagation des ondes, Paris 1903, p. 355/61.*

38) *Ann. chimie et phys. (8) 23 (1911), p. 146 et suiv.*

dernière hypothèse peut bien ne pas être réalisée, notamment si la surface est une surface de discontinuité pour les températures, ce qui est le cas pour les mouvements atmosphériques que *H. von Helmholtz* avait en vue d'étudier. Il faut noter en outre que les solutions trouvées par les méthodes indiquées plus haut peuvent donner naissance à d'autres difficultés et faire naître notamment certains paradoxes tels que le *paradoxe de d'Alembert*[38a]) conduisant à cette conclusion inadmissible qu'un solide mobile dans un courant liquide d'un mouvement de translation uniforme, n'éprouve de la part du liquide aucune résistance dans le sens de cette translation. A ces considérations se rattachent de très importantes recherches récentes de *E. Almansi*[38b]).*

H. von Helmholtz[34]) reconnut que les problèmes dont la solution obtenue par la méthode habituelle ne remplit pas la condition physique de pression, doivent admettre des solutions dans lesquelles la vitesse est discontinue sur des surfaces déterminées, et trouva la solution exacte d'un premier problème de ce genre. *G. Kirchhoff*[39]) développa une méthode générale pour les problèmes à deux dimensions où les limites sont composées de lignes droites. Une modification de cette méthode[40]) ramène les problèmes de l'espèce considérée par *G. Kirchhoff* à des intégrales de fonctions algébriques.

Soit un liquide coulant dans un domaine à deux dimensions limité en partie par des droites fixes données, en partie par des lignes de courant libres inconnues. La pression étant la même tout le long de ces lignes de courant, la vitesse y est partout la même.

Posons
$$\zeta = \frac{dz}{dw} = \frac{1}{q} e^{i\mu},$$
q désignant la valeur de la vitesse, μ son angle avec l'axe des x. La relation entre z et w qui donne la solution du problème peut être considérée comme une relation entre ζ et w. Cette relation établit

38a) *Voir surtout à ce sujet *U. Cisotti*, Atti Ist. Veneto (8) 6 (1903/4), p. 423/6; (8) 8 (1905/6), p. 1291/5; (8) 12 (1909/10), p. 427/45; (8) 14 (1911/2); p. 167/74; Ann. mat. pura appl. (3) 19 (1912), p. 83/107.*

38b) *Atti R. Accad. Lincei, *Rendic.* (5) 18 II (1909), p. 587/94; (5) 19 I (1910), p. 56/63, 116/8, 244/50, 437/43.*

39) J. reine angew. Math. 70 (1869), p. 289/98; Ges. Abh., Leipzig 1882, p. 416/27; Mechanik[8]), (3e éd.) p. 290/307.

40) *M. Planck*, Ann. Phys. und Chemie, Dritte Folge 21 (1884), p. 499/509; *N. E. Žukovskij* (*Joukowsky*), Mat. Sbornik (recueil Soc. math. Moscou) 15 (1890/1), p. 121/276; *J. H. Michell*, Philos. Trans. London 181 A (1890), p. 390; *A. E. H. Love*, Proc. Cambr. philos. Soc. 7 (1889/92), p. 175. Les trois derniers auteurs donnent des solutions de nombreux exemples. *P. Molenbroeck*[4]) a traité quelques cas de formation de jets dans un fluide compressible.

une représentation conforme d'un certain domaine du plan ζ sur un domaine du plan w. Le domaine du plan w est limité à des segments rectilignes $\psi = \text{const.}$; le domaine du plan ζ est limité à des arcs de cercle ayant l'origine pour centre (correspondant aux lignes de courant libres) reliés par des portions de droites issues de l'origine (correspondant aux limites rectilignes fixes). La méthode de *G. Kirchhoff* permet d'obtenir la relation entre ζ et w, c'est-à-dire une équation différentielle entre z et w, en cherchant les représentations conformes des domaines des plans ζ et w l'un sur l'autre. La modification signalée plus haut[40]) consiste dans l'introduction de $\log_e \zeta$ au lieu de ζ.

Posons
$$\Omega = \log_e \zeta = \log_e q^{-1} + i\mu = \lambda + i\mu.$$
Le domaine du plan Ω est limité à des droites $\mu = \text{const.}$, $\lambda = \text{const.}$, de sorte que les limites dans les plans Ω et w sont rectilignes. On peut faire une représentation conforme de ces domaines sur le demi-plan d'une variable auxiliaire t[41]); ainsi se trouve établie la relation entre Ω et w, c'est-à-dire l'équation différentielle entre z et w.

Si un jet liquide sort d'un vase profond rectangulaire à parois verticales par une ouverture pratiquée dans le fond, les dimensions k de l'ouverture, d du vase et c du jet sont liées par[42])
$$k = c\left\{1 + \frac{1}{\pi}\left(\frac{d}{c} - \frac{c}{d}\right)\operatorname{arctg}\frac{2cd}{d^2 - c^2}\right\}.$$
Dans le cas où les parois verticales peuvent être considérées comme infiniment éloignées de l'ouverture[43]), le coefficient de contraction est $\frac{\pi}{2+\pi}$. Si l'ouverture est munie d'un ajutage rentrant, et si le fond et les parois peuvent être considérés comme infiniment éloignés de l'ouverture, le coefficient de contraction est $\frac{1}{2}$. C'est le problème résolu par *H. von Helmholtz*[34]). La forme des lignes de courant libres est déterminée par l'équation
$$\frac{dz}{dt} = \frac{1 - i\sqrt{t^2 - 1}}{t^2(t+1)},$$
t étant réel et $1 > t^{-1} > -1$.

41) *E. B. Christoffel*, Ann. mat. pura appl. (2) 1 (1867/8), p. 89/103; *H. A. Schwarz*, J. reine angew. Math. 70 (1869), p. 105; Math. Abh. 2, Berlin 1890, p. 63.

42) *J. H. Michell*, Philos. Trans. London 181 A (1890), p. 405.

43) *G. Kirchhoff*[39]). Le résultat est encore exact, lorsqu'on ne néglige pas la pesanteur, voir *F. Kötter*, Archiv Math. Phys. (2) 5 (1887), p. 392/417; Verh. Phys. Ges. Berlin 6 (1887), p. 40/3. Le même auteur a montré comment on obtient des limites inférieure et supérieure des coefficients de contraction dans le cas d'une ouverture circulaire. D'autres exemples de lignes de courant libres (les fluides étant soumis non seulement à la pesanteur mais aux forces capillaires) se trouvent dans *N. E. Žukovskij* (*Joukowsky*), Žurnal russkago fiziko-chimičeskago obščestva (St Pétersbourg) 23 (1891), p. 89/100.

Si un courant de largeur infinie est arrêté par une lame rectangulaire de longueur finie placée normalement au plan du mouvement, la solution relative à un angle d'incidence α est donnée par les équations[44])

$$\frac{dw}{dt} = \frac{1}{2}(t - \cos\alpha), \quad \frac{d\Omega}{dt} = \frac{i \sin\alpha}{(t - \cos\alpha)\sqrt{t^2 - 1}}.$$

Les unités sont choisies de telle façon que la longueur de la lame soit $1 + \frac{\pi}{4}\sin\alpha$ et que la vitesse à l'infini soit 1. La ligne de courant libre est donnée par l'équation

$$\frac{dz}{dt} = \frac{1}{2}\{1 - t\cos\alpha - i\sqrt{t^2 - 1}\sin\alpha\},$$

où t est un nombre réel > 1.

La résistance éprouvée par la lame, résistance due à la différence des pressions sur ses deux faces est $\frac{\pi V^2 S \varrho \sin\alpha}{4 + \pi \sin\alpha}$ avec des unités quelconques, V étant la vitesse à l'infini, S la surface de la lame. Le point d'application de cette résistance est à la distance $\frac{3 l \cos\alpha}{4(4 + \pi\sin\alpha)}$ du centre de la lame vers le côté d'où vient le courant, l désignant la longueur de la lame.

M. Rethy[45]) et *D. Bobylew*[46]) appliquèrent cette méthode sous sa forme primitive à différentes questions. *J. W. Strutt*[47]) et *W. Voigt*[48]) l'appliquèrent à des jets qui se rencontrent; **R. A. Harris*[49]), à un jet issu d'un tuyau à bords rectilignes.* *J. H. Michell*[50]) et *H. C. Pocklington*[51]) déterminèrent des formes de tubes tourbillons[52]) au moyen de la méthode de Helmholtz-Kirchhoff modifiée. *B. Hopkinson*[53]) l'étendit à des cas où des sources positives ou négatives existent dans le fluide.

*Jusqu'en 1907 les exemples de mouvements glissants traités par

---

44) *J. W. Strutt* (lord *Rayleigh*), London Edinb. Dublin philos. mag. (5) 2 (1876), p. 430; Papers 1, Cambridge 1899, p. 267. La solution a été obtenue pour la première fois par *G. Kirchhoff*[39]).

45) Math. Ann. 46 (1895), p. 249/72 [1893].

46) Žurnal russkago fiziko-chimičeskago obščestva (St Pétersbourg) 13 (1881), p. 63/70; Beiblätter zu den Ann. Phys. und Chemie 6 (1882), p. 163/5; *H. Lamb*, Hydrodynamics[1]), p. 112.

47) London Edinb. Dublin philos. mag. (5) 1 (1876), p. 441; Papers 1, Cambridge 1899, p. 297.

48) Nachr. Ges. Gött. 1885, p. 285/305; Math. Ann. 28 (1887), p. 14/33 [1885].

49) *Annals of math. (2) 2 (1900/1), p. 73/6.*

50) Philos. Trans. London 181 A (1890), p. 390 et suiv.

51) Proc. Cambr. philos. Soc. 8 (1892/5), p. 178/87 [1894].

52) Voir n° 3c.

53) Proc. London math. Soc. (1) 29 (1897/8), p. 142/64.

la méthode de *H. von Helmholtz* et *G. Kirchhoff* sont peu nombreux et laissent en suspens bien des difficultés[54]).*

*En 1907 *T. Levi-Civita*[55]) réussit d'une façon très élégante à limiter le champ des formes analytiques pouvant correspondre au mouvement permanent d'un fluide indéfini autour d'un obstacle courbe; il suppose les parois de l'obstacle continues à l'exception d'un point anguleux; c'est en ce point (hypothèse qui semblait naturelle) qu'il place le *point mort*, où le courant se divise pour entourer l'obstacle. Sous une forme très simple, *T. Levi-Civita* calcule la résistance éprouvée par l'obstacle. Mais aucun exemple n'est traité explicitement, et il n'existe encore aucun moyen de rattacher la fonction arbitraire dont dépend le problème à la forme de la paroi de l'obstacle supposée connue.

**M. Brillouin*[56]) montra que la solution de *T. Levi-Civita* était encore beaucoup trop générale, de nombreuses difficultés, qu'il mit en évidence, pouvant se présenter lorsqu'il s'agit de rendre la solution valable et le mouvement physiquement acceptable. Il introduisit en outre une distinction importante entre les *socs* (obstacles à bords arrière tranchants) et les *proues*, d'où les lignes de glissement (bords du sillage) se détachent à l'arrière avec un rayon de courbure non nul. Enfin il traita numériquement un exemple de parois courbes symétriques dépendant d'une constante arbitraire, limitant sur cet exemple les formes réellement acceptables, et calculant a posteriori les obstacles correspondants.*

**H. Villat*[57]) apporta un perfectionnement important consistant à transformer la méthode de *T. Levi-Civita* de telle sorte que la fonction arbitraire dont dépend le problème fût remplacée par une autre ayant avec la forme de l'obstacle un lien étroit et évident. Il devint alors possible d'obtenir, sans tâtonnements dans les calculs, la solution du problème posé, pour un obstacle dont l'allure est donnée à l'avance.*

*Une anomalie subsistait dans les résultats; il se trouve que la forme de la paroi est assujettie à une condition qui en restreint la forme; c'est ainsi qu'un obstacle formé de deux lames rectilignes de

---

54) *Les exemples connus à cette époque sont réunis dans *A. G. Greenhill*, Report on the theory of a stream line past a plane barrier, and of the discontinuity arising at the edge, with an application of the theory to an aeroplane, Londres 1910.*

55) *Rend. Circ. mat. Palermo 23 I (1907), p. 1/37; Atti R. Ist. Veneto (8) 7 (1904/5), p. 1471.*

56) *Leçons professées au Collége de France, Paris 1909; Ann. chimie et phys. (8) 23 (1911), p. 145/230; C. R. Acad. sc. Paris 151 (1910), p. 931/3; 153 (1911), p. 43/5.*

57) *C. R. Acad. sc. Paris 151 (1910), p. 1034/7; Sur la résistance des fluides, Thèse, Paris 1911; Ann. Éc. Norm. (3) 28 (1911), p. 203/311.*

longueur donnée, formant un angle donné, placé dans un courant, échappe à la méthode générale usitée jusqu'ici, sauf pour une valeur particulière de l'incidence. *H. Villat*[58]) montre qu'on peut faire disparaître cette anomalie par une interprétation un peu plus large des principes de *H. von Helmholtz*. La difficulté (analogue pour tous les obstacles dont la paroi présente un angle vif) se résout en supposant que le point mort se déplace sur l'un des bords de la paroi, tandis qu'une plage de fluide mort se forme le long de l'obstacle, au voisinage du point anguleux, dans des conditions d'ailleurs très différentes suivant que l'angle se présente au courant pointe en avant ou pointe en arrière. Cette plage de fluide mort est séparée du fluide en mouvement par une ligne de glissement où la vitesse (inférieure à la vitesse à l'infini et le long des lignes de glissement du sillage habituel à l'arrière) est déterminée d'une façon nécessaire. Le problème se traite jusqu'au bout avec le secours des fonctions elliptiques. C'est là le premier exemple de résolution du problème de la résistance éprouvée par un obstacle donné d'incidence variable sur le courant.*

*La méthode initiale de *T. Levi-Civita* et ses divers perfectionnements ont permis d'élucider une foule de questions, et ont été la source de nombreux travaux.

U. Cisotti[59]) étudie l'écoulement des jets issus de l'orifice de parois solides, et calcule la réaction du jet sur les parois; il étudie[60]) la bifurcation d'une veine liquide qui se brise sur un obstacle, et calcule la réaction sur cet obstacle; il aborde[61]) la dérivation d'un canal rectiligne par un canal latéral. *U. Cisotti*[62]) aborde aussi le mouvement d'un fluide dans un canal rectiligne contenant un obstacle symétrique par rapport à l'axe du canal; il indique le degré de généralité du problème, et traite l'exemple d'un obstacle formé de deux segments rectilignes symétriques ayant une extrémité commune. *H. Villat*[63]) détermine la solution convenant à un obstacle de forme quelconque donnée, et traite complètement le cas de certaines courbes, notamment en forme de proues. Le mouvement d'un fluide dans un canal de forme quelconque,

---

58) *C. R. Acad. sc. Paris 154 (1912), p. 1693/5.*

59) *Rend. Circ. mat. Palermo 25 (1908), p. 145/79; 26 (1908), p. 378/82; C. R. Acad. sc. Paris 152 (1911), p. 180/3; Atti Ist. Veneto (8) 10 (1907/8), p. 293/321.*

60) *Atti R. Accad. Lincei, *Rendic.* (5) 20 1 (1911), p. 314/22, 494/502.*

61) *Z. Math. Phys. 59 (1911), p. 137/51. La solution correspondante laisse subsister une difficulté, la pression obtenue devenant infiniment grande négative et restant négative dans une région étendue.*

62) *Rend. Circ. mat. Palermo 28 (1909), p. 307/52.*

63) *Bull. Soc. math. France 40 (1912), p. 266/304.*

avec un obstacle donné, est également étudié par le même auteur[64]) qui en donne la solution générale avec le secours des fonctions elliptiques. *G. Colonnetti*[65]) considère un filet liquide coulant le long d'une paroi, indique le degré de généralité de la question, et traite le cas où la paroi est polygonale. Il étend[66]) la solution au cas d'un filet liquide coulant entre deux parois dont l'une présente une interruption. Le problème du mouvement d'un filet dévié par une portion de paroi rigide, est étudié par *T. Boggio*[67]) qui a également[68]) indiqué le calcul de l'action exercée par un courant sur une paroi solide, à l'aide d'un procédé applicable au cas de trois dimensions.*

**H. Villat*[69]) résout le problème de l'écoulement d'un fluide limité d'un côté par une paroi fixe indéfinie et renfermant un obstacle donné, problème auquel se rattache en première approximation le mouvement d'un aéroplane dans un courant régulier. *H. Villat* indique[70]) la solution de divers problèmes relatifs notamment à des mouvements de fluides en présence de plusieurs obstacles donnés, ou en présence d'obstacles à contour accidenté, dont le fluide en mouvement ne baignerait pas en totalité la partie antérieure, des plages de fluide mort pouvant se produire dans les creux du contour.*

*Ce qui précède fournit des exemples de cas où l'on a pu trouver des solutions des équations de l'hydrodynamique évitant le grave inconvénient dû à la présence de pressions négatives. Il semblait légitime de croire qu'une solution donnant lieu à des pressions partout positives, pour le mouvement d'un courant fluide (de vitesse connue à l'infini) en présence d'un obstacle donné était unique. *H. Villat*[71]) a montré qu'il pouvait, dans une infinité de cas, exister au moins deux solutions distinctes de cette nature.*

Des mouvements glissants à trois dimensions n'ont été obtenus que dans un petit nombre de cas[72]). **T. Levi-Civita*[72a]), posant les

64) *C. R. Acad. sc. Paris 152 (1911), p. 303/6; Ann. Éc. Norm. (3) 29 (1912), p. 127/97.*

65) *Rend. Circ. mat. Palermo 32 (1911), p. 51/87.*

66) *Atti R. Accad. Lincei, *Rendic.* (5) 20 I (1911), p. 649/55, 789/97.*

67) *Atti Accad. Torino 46 (1910/1), p. 736/59.*

68) *Atti R. Accad. Lincei, *Rendic.* (5) 20 I (1911), p. 634/41, 901/8.*

69) *C. R. Acad. sc. Paris 151 (1910), p. 933/5; Ann. Éc. Norm. (3) 28 (1911), p. 203/311; J. math. pures appl. (6) 7 (1911), p. 353/408.*

70) *C. R. Acad. sc. Paris 152 (1911), p. 1081/4.*

71) *Id. 156 (1913), p. 442/5.*

72) *P. Molenbroek*, *Verh. Ges. deutsch. Naturf. Ärzte 65, Nuremberg 1893, p. 9/12;* *J. Weingarten* a donné [Nachr. Ges. Gött. 1890, p. 326/35] un exemple dans lequel la surface libre a la forme d'un hyperboloïde à une nappe. *H. J. Sharpe* [Proc. R. Soc. Edinb. 14 (1886/7), p. 33/5; Quart. J. pure appl. math. 22

équations du problème, montre que les solutions correspondantes fourniront pour la résistance éprouvée par un solide, à une translation uniforme, une valeur proportionelle au carré de la vitesse, propriété du reste valable dans le cas de deux dimensions.*

M. Brillouin[73]) établit une propriété de minimum très intéressante relativement à l'énergie cinétique dans les mouvements glissants des liquides et réfute une objection émise par *W. Thomson*[74]) au sujet de ces mouvements glissants.*

La théorie de l'écoulement des fluides *pesants*, toujours supposés irrotationnels, donne naissance à d'intéressants développements. *J. Weingarten*[75]) détermine le cas particulier d'un fluide pesant soumis à la pesanteur parallèlement à l'axe Ox et délimité:

1°) par la courbe d'équation (en coordonnées polaires r, θ)

$$r^{\frac{3}{2}} \sin \frac{3(\theta + \alpha)}{2} = c_0,$$

où α et c_0 sont des constantes;

2°) par la demi-droite

$$\theta = -\alpha + \tfrac{2}{3}\pi.$$

Dans ces conditions, la demi-droite $\theta = -\alpha$ joue le rôle de surface libre.

H. Blasius[76]) indique certaines considérations tirées de la théorie des fonctions, et qu'il applique à un exemple d'écoulement de l'eau sur une paroi indéfinie dans les deux sens, et dont une portion (en amont) est rectiligne. La très grosse difficulté, introduite par l'hypothèse que le fluide est pesant, provient de ce que la condition ou les conditions relatives à la constance de la pression le long de la surface libre ou des surfaces libres s'expriment par des relations très compliquées entre les dérivées du potentiel des vitesses, contrairement au cas des fluides parfaits sans pesanteur.*

D'intéressants développements sur une théorie approchée du régime permanent dans un canal à cours rapide, et de l'écoulement des cascades, ont été donnés par *U. Cisotti*[76a]).*

(1887), p. 266/8; Proc. Cambr. philos. Soc. 7 (1889/92), p. 264/9] donne quelques solutions approchées.

72a) Atti R. Acad. Lincei, *Rendic.* (5) 10 I (1901), p. 3/9.*

73) Ann. chimie et phys. (8) 22 (1911), p. 433/40.*

74) Nature (Londres) 50 (1894), p. 524, 549, 573, 597; Papers 4, Cambridge (Londres) 1910, p. 215/30.*

75) Verhandl. des dritten internat. Math. Kongresses in Heidelberg 1904, publ. par *A. Krazer*, Leipzig 1905, p. 409/13.*

76) Z. Math. Phys. 58 (1910), p. 90/110; 59 (1911), p. 43/4.*

76a) Atti R. Acad. Lincei, *Rendic.* (5) 20 II (1911), p. 633/7; (5) 21 I (1912), p. 97/102.*

*Plus récemment *H. Villat*[77]) détermine l'intégrale générale de tous les mouvements à deux dimensions d'un fluide pesant pour le cas notamment d'une cascade s'écoulant d'un déversoir, pour un jet s'écoulant d'un orifice et rencontrant, ou non, un obstacle solide, etc. La forme de la solution dépend de deux fonctions, l'une qui détermine la forme des parois solides limitant le fluide, l'autre qui détermine l'état des vitesses sur les lignes libres du jet. Ces deux fonctions sont liées par une équation qui, par rapport à la première de ces deux fonctions, se présente comme une équation de Fredholm, de première espèce, singulière, et résolue directement par *H. Villat.**

1f. Mouvements à trois dimensions. Si, les trajectoires étant situées dans des plans passant par l'axe des z, le mouvement est le même dans tous ces plans, il existe à chaque instant une fonction de courant ψ[78]) telle que

$$v = \frac{1}{\varpi}\frac{\partial \psi}{\partial z}; \quad w = -\frac{1}{\varpi}\frac{\partial \psi}{\partial \varpi}; \tag{1}$$

ϖ désignant la distance d'un point à l'axe des z, v et w les composantes de la vitesse suivant les directions de ϖ et de z. Si l'on fait tourner un arc de courbe AB autour de l'axe, le volume de liquide qui traverse la surface ainsi définie dans l'unité de temps est égal à la différence entre les valeurs de $2\pi\psi$ en A et en B. Si le mouvement est irrotationnel, ψ vérifie l'équation

$$\frac{\partial^2 \psi}{\partial \varpi^2} + \frac{\partial^2 \psi}{\partial z^2} - \frac{1}{\varpi}\frac{\partial \psi}{\partial \varpi} = 0. \tag{2}$$

Si l'on développe le potentiel de vitesses en une série de fonctions sphériques

$$\varphi = \frac{a_0}{r} + \sum_{n=1}^{n=+\infty} \{a_n r^n + b_n r^{-(n+1)}\} P_n(\cos\theta),$$

on obtient[79])

$$\psi = -a_0 \cos\theta + \sin\theta \sum_{n=1}^{n=+\infty} \left(\frac{a_n}{n+1} r^{n+1} - \frac{b_n}{n} r^{-n}\right) \frac{dP_n}{d\theta}.$$

Le mouvement d'un liquide à l'intérieur d'un ellipsoïde, de demi-axes a, b, c, qui tourne autour de son centre avec une vitesse angulaire dont les composantes suivant ces axes sont p, q, r, est obtenu par une généralisation de la relation (9) du n° 1d. Les trajectoires par rapport à

77) *C. R. Acad. sc. Paris 156 (1913), p. 58/61.*

78) Cf. IV 16, 8. La fonction de courant axiale a été introduite par *G. G. Stokes* [Trans. Cambr. philos. Soc. 7 (1838/42), p. 439; Papers 1, Cambridge 1880, p. 1] qui donne l'équation (2).

79) *H. Lamb*, Hydrodynamics [1]), p. 136.

l'ellipsoïde sont des ellipses décrites dans le même temps[80]), égal à

$$\frac{\pi}{\left[p^2 \frac{b^2c^2}{(b^2+c^2)^2} + q^2 \frac{c^2a^2}{(c^2+a^2)^2} + r^2 \frac{a^2b^2}{(a^2+b^2)^2}\right]^{\frac{1}{2}}}.$$

Le déplacement relatif à cet intervalle de temps est donc équivalent à une rotation à la manière d'un corps solide, bien que le mouvement soit irrotationnel.

*Le mouvement d'un fluide renfermé dans une enveloppe ellipsoïdale solide et mobile autour de son centre, a été étudié par *O. Tedone*[81]), les particules fluides situées à un instant t_0 sur un ellipsoïde

$$\frac{x^2}{a^2} + \frac{y^2}{b^2} + \frac{z^2}{c^2} = k^2$$

semblable à l'ellipsoïde enveloppe, restant à tout instant t sur le même ellipsoïde. La détermination du mouvement revient à l'intégration des équations du mouvement autour de l'origine, d'un solide dont les axes d'inertie principaux sont Ox, Oy, Oz (axes de l'ellipsoïde donné) et dont les moments d'inertie sont

$$b^2 + c^2, \quad c^2 + a^2, \quad a^2 + b^2.$$

V. Steklov[82]) a traité le cas d'un liquide incompressible enfermé dans une cavité ellipsoïdale creusée dans un solide *mobile*. Il applique les résultats obtenus au problème de la variation des latitudes.*

Le mouvement résultant de changements de forme de l'ellipsoïde qui constitue la surface limite a été étudié par *C. A. Bjerknes*[83]).

Le mouvement irrotationnel d'un liquide à l'extérieur d'un ellipsoïde qui reste semblable à un ellipsoïde fixe, est déterminé par

$$\varphi = -\frac{1}{2a}\frac{da}{dt}\int_{\varepsilon}^{+\infty} \frac{d\theta}{\left[\left(1+\frac{\theta}{a^2}\right)\left(1+\frac{\theta}{b^2}\right)\left(1+\frac{\theta}{c^2}\right)\right]^{\frac{1}{2}}},$$

ε étant la racine positive de l'équation

$$\frac{x^2}{a^2+\varepsilon} + \frac{y^2}{b^2+\varepsilon} + \frac{z^2}{c^2+\varepsilon} = 1.$$

Si le liquide se meut à l'intérieur d'un ellipsoïde qui se déforme avec un volume constant,

$$\varphi = \frac{1}{2}\left[\frac{x^2}{a}\frac{da}{dt} + \frac{y^2}{b}\frac{db}{dt} + \frac{z^2}{c}\frac{dc}{dt}\right].$$

---

80) On attribue ce résultat à *J. Clerk Maxwell* [voir *W. M. Hicks*, Report Brit. Assoc. 52, Southampton 1882, éd. Londres 1883, p. 54/7].

81) *Atti R. Accad. Lincei, *Rendic.* (5) 2 I (1893), p. 123/30.*

82) *Ann. Fac. sc. Toulouse (3) 1 (1909), p. 145/256.*

83) Nachr. Ges. Gött. 1873, p. 448, 829; voir aussi *H. Lamb*, Hydrodynamics [1]), p. 145/66.

Le mouvement provenant de sources à l'intérieur d'un parallélépipède a été étudié par *A. G. Greenhill*[84]). Le mouvement dans le voisinage d'une calotte sphérique infiniment mince a été traité par *A. B. Basset*[85]).

Mouvement de corps solides dans un liquide incompressible.

2a. Cinématique. *Le mouvement des corps solides dans un liquide incompressible peut s'étudier comme il suit:

1°) Déterminer cinématiquement le potentiel des vitesses en fonction des vitesses des solides, et en déduire l'énergie cinétique du système.

2°) Utiliser l'expression de cette énergie cinétique à la formation des équations dynamiques du mouvement.*

Soit un solide en mouvement dans un liquide indéfini, u, v, w, p, q, r les composantes de ses vitesses de translation et de rotation suivant trois axes qui lui sont invariablement liés. Si l'espace occupé par le liquide est simplement connexe, et si le mouvement est irrotationnel, il est par suite acyclique et le potentiel des vitesses est de la forme[86])

$$\varphi = u\varphi_1 + v\varphi_2 + w\varphi_3 + p\chi_1 + q\chi_2 + r\chi_3, \tag{1}$$

$\varphi_1, \varphi_2, \varphi_3, \chi_1, \chi_2, \chi_3$ étant des fonctions harmoniques dans l'espace occupé par le liquide.

Ces fonctions remplissent en outre le long de la surface du solide les conditions

$$\frac{\partial \varphi_1}{\partial \nu} = \cos(\nu, x), \qquad \frac{\partial \varphi_2}{\partial \nu} = \cos(\nu, y), \qquad \frac{\partial \varphi_3}{\partial \nu} = \cos(\nu, z),$$

$$\frac{\partial \chi_1}{\partial \nu} = y\cos(\nu, z) - z\cos(\nu, y), \quad \ldots$$

où $d\nu$ représente un élément de normale dirigé vers l'intérieur du fluide.

Dans le cas d'une sphère de rayon a,

$$\varphi_1 = \tfrac{1}{2}a^3xr^{-3}, \quad \varphi_2 = \tfrac{1}{2}a^3yr^{-3}, \quad \varphi_3 = \tfrac{1}{2}a^3zr^{-3},$$

l'origine des coordonnées étant le centre de la sphère, r^2 étant mis pour

$$x^2 + y^2 + z^2,$$

84) Proc. Cambr. philos. Soc. 3 (1876/80), p. 289 [1878].

85) Proc. London math. Soc. (1) 16 (1884/5), p. 286/306; Hydrodynamics[1]) 1, p. 146.

86) *G. Kirchhoff,* J. reine angew. Math. 71 (1870), p. 237; Ges. Abh., Leipzig 1882, p. 376.

le mouvement du liquide est le même que s'il provenait d'un doublet[87]) placé au centre[88]).

Dans le cas d'un ellipsoïde

$$\frac{x^2}{a^2}+\frac{y^2}{b^2}+\frac{z^2}{c^2}=1,$$

on a

$$(3)\quad \varphi_1=-\frac{A}{B_0+C_0}x,\qquad \varphi_2=-\frac{B}{C_0+A_0}y,\qquad \varphi_3=-\frac{C}{A_0+B_0}z,$$

$$(4)\quad \chi_1=-\frac{(b^2-c^2)(C-B)}{(b^2-c^2)(A_0+B_0+C_0)-(b^2+c^2)(C_0-B_0)}yz,\quad \ldots,$$

A désignant l'intégrale

$$\int_{\varepsilon}^{+\infty}\frac{d\theta}{(a^2+\theta)^{\frac{3}{2}}(b^2+\theta)^{\frac{1}{2}}(c^2+\theta)^{\frac{1}{2}}};$$

B et C s'obtiennent par permutation dans A des lettres a, b, c; ε est la racine positive de l'équation

$$\frac{x^2}{a^2+\varepsilon}+\frac{y^2}{b^2+\varepsilon}+\frac{z^2}{c^2+\varepsilon}=1;$$

A_0, B_0, C_0 sont les constantes résultant du remplacement de ε par 0 dans A, B, C[89]). Les équations des lignes de courant ont été discutées par *A. Clebsch*[89]), *R. A. Herman*[90]) et *Th. Stuart*[90a]). Le cas particulier d'un sphéroïde a été considéré par *G. Kirchhoff*[91]).

*S'il s'agit d'un solide de révolution se déplaçant parallèlement à son axe, le mouvement peut être déterminé par la fonction de flux de *G. G. Stokes*[92]).*

2b. Énergie cinétique. Si un corps solide unique se meut dans un liquide indéfini, l'énergie cinétique T_1 du liquide, dans le cas où il

87) *S. D. Poisson,* Mém. Acad. sc. Institut France (2) 11 (1832), p. 521/65 [1831]. Retrouvé indépendamment par *G. Lejeune Dirichlet,* Ber. Akad. Berlin 1852, p. 16/7; Werke 2, Berlin 1897, p. 115/20; *E. Riecke* [Nachr. Ges. Gött. 1888, p. 347/57] donne un tracé des trajectoires des éléments fluides.

88) *Pour le cas de plusieurs sphères, voir n° 2e.*

89) *G. Green* [Trans. R. Soc. Edinb. 13 (1836), p. 54/62 [1833]; Papers, publ. par *N. M. Ferrers,* Londres 1871, p. 313] a donné l'équation (3); *A. Clebsch* [J. reine angew. Math. 52 (1856), p. 119/28] a donné l'équation (4). Pour le mouvement entre deux ellipsoïdes homofocaux voir *A. G. Greenhill* [Quart. J. pure appl. math. 16 (1879), p. 227/56].

90) Quart. J. pure appl. math. 23 (1889), p. 378/84.

90a) *Proc. London math. Soc. 33 (1901), p. 342/60.*

91) Mechanik[8]), (3e éd.) p. 219.

92) *Voir *W. J. M. Rankine,* Philos. Trans. London 161 (1871), p. 267/303 [1870]; voir aussi *A. B. Basset,* Hydrodynamics[1]) 1, p. 155.*

n'y a pas de circulation, s'exprime par une forme quadratique homogène

$$-\frac{1}{2}\varrho\int\int\varphi\frac{\partial\varphi}{\partial\nu}dS$$

des six composantes des vitesses u, v, w, p, q, r.

Par exemple[86]) les coefficients de u^2 et de $2uv$ dans $2T_1$ sont respectivement

$$-\varrho\int\int\varphi_1\frac{\partial\varphi_1}{\partial\nu}dS,\qquad -\varrho\int\int\varphi_1\frac{\partial\varphi_2}{\partial\nu}dS = -\varrho\int\int\varphi_2\frac{\partial\varphi_1}{\partial\nu}dS.$$

Dans le cas plus général de plusieurs solides en mouvement dans un liquide limité extérieurement à une enveloppe solide, fixe ou non, si $n+1$ est l'ordre de connexion de l'espace occupé par le liquide, si les positions de la surface limite et des solides dépendent des m paramètres $q_1, q_2, \ldots, q_m$, si enfin $\varkappa_1, \varkappa_2, \ldots, \varkappa_n$ sont les constantes cycliques, on a[93])

$$T_1 = \Pi_1 + K,$$

où Π_1 est une forme quadratique homogène des vitesses généralisées $q_1', q_2', \ldots, q_m'$, tandis que K est une forme quadratique homogène des circulations $\varkappa_1, \varkappa_2, \ldots, \varkappa_n$; les coefficients de ces deux formes dépendent uniquement de $q_1, q_2, \ldots, q_m$.

Le potentiel des vitesses a la forme

$$\varphi = \sum_{r=1}^{r=m} q_r'\varphi_r + \sum_{r=1}^{r=n}\varkappa_r\chi_r;$$

φ_r est le potentiel du mouvement dans lequel tous les q' et les $\varkappa$ seraient nuls à l'exception de

$$q_r' = 1;$$

χ_r est le potentiel d'un mouvement dans lequel tous les q' et les $\varkappa$ seraient nuls à l'exception de

$$\varkappa_r = 1.$$

Les coefficients de $2\Pi_1$ s'expriment comme dans le cas plus simple étudié ci-dessus. Les coefficients de $\varkappa_r^2$ et de $2\varkappa_r\varkappa_s$ dans $2K$ sont respectivement, avec les notations du n° 1a[94]),

$$\varrho\int\int\frac{\partial\chi_r}{\partial\nu_r}d\omega_r,\qquad \varrho\int\int\frac{\partial\chi_r}{\partial\nu_s}d\omega_s = \varrho\int\int\frac{\partial\chi_s}{\partial\nu_r}d\omega_r.$$

93) *W. Thomson*, Proc. R. Soc. Edinb. 7 (1869/72), p. 384, 668 [1871]; London Edinb. Dublin philos. mag. (4) 42 (1871), p. 336; (4) 45 (1873), p. 334.

94) *H. Lamb*, Motion of fluids, Cambridge 1879; trad. allem. par *R. Reiff*, Fribourg en/B. 1884; Hydrodynamics [1]), p. 207.

L'énergie cinétique T du système formé par les solides et le liquide est la somme de T_1 et de l'énergie cinétique T_0 des solides. T_0 est comme Π_1 une forme quadratique homogène des q', nous poserons

$$T = T_0 + T_1, \quad \Pi = T_0 + \Pi_1.$$

2c. **Symétrie hydrocinétique**[95]). Dans le cas d'un seul corps solide en mouvement dans un liquide indéfini sans circulation, l'expression $2T$ a en général 21 coefficients. Ce nombre se réduit si le corps présente une certaine symétrie:

Dans le cas d'un corps présentant trois plans de symétrie perpendiculaires (ox, oy, oz) comme un ellipsoïde, on a

$$(1) \qquad 2T = Au^2 + Bv^2 + Cw^2 + Pp^2 + Qq^2 + Rr^2;$$

si en outre le corps est de révolution autour de oz, on a

$$A = B, \qquad P = Q.$$

Un corps pour lequel on a la formule (1) avec

$$A = B = C, \qquad P = Q = R,$$

s'appelle „isotrope".

Un corps qui se reproduit par une rotation d'un angle droit autour d'un axe, tel qu'un propulseur hélicoïdal à quatre branches, est dit avoir une „symétrie hélicoïdale", on a alors

$$(2) \; 2T = A(u^2+v^2) + Cw^2 + P(p^2+q^2) + Rr^2 + 2L(pu+qv) + 2Nvw.$$

Si dans cette formule (2) on a

$$A = C, \quad P = R, \quad L = N$$

le corps est „hélicoïdal isotrope".

2d. **Équations du mouvement.** Les équations du mouvement pour un solide qui se meut dans un liquide indéfini ont été déduites par *W. Thomson* et *P. G. Tait*[96]) de l'expression de T par l'application directe des équations de *J. L. Lagrange*, dans le cas où il n'y a ni circulation ni forces extérieures.

Cette méthode souleva bientôt des objections[97]), mais en même

---

95) *W. Thomson*, London Edinb. Dublin philos. mag. (4) 42 (1871), p. 362/7; (4) 45 (1873), p. 332/45; *H. Lamb*, Hydrodynamics[1]), p. 181; *J. Larmor*, Quart. J. pure appl. math. 20 (1885), p. 261/5 [1884].

W. Thomson et *P. G. Tait* [Natural philos.[5])] et plus tard *G. Kirchhoff*[54]) ont donné la formule relative à un corps de révolution.

96) Natural philos.[5]), (6e éd.) 1[1], Cambridge 1903, p. 320/30.

97) *L. Boltzmann*, J. reine angew. Math. 73 (1871); *J. Purser*, London Edinb. Dublin philos. mag. (5) 6 (1878), p. 354/9; *C. Neumann*, Hydrodynamische Untersuchungen, Leipzig 1883.

temps *G. Kirchhoff*[86]) retrouvait ces mêmes équations en appliquant le principe d'Hamilton. Elles sont de la forme

$$(1)\qquad \begin{cases} \dfrac{d\xi_1}{dt} + q\zeta_1 - r\eta_1 = 0 & \text{(trois équations)} \\ \dfrac{d\lambda_1}{dt} + q\nu_1 - r\mu_1 + v\zeta_1 - w\eta_1 = 0 & \text{(trois équations)}; \end{cases}$$

on a posé

$$\xi_1 = \frac{\partial T}{\partial u}, \quad \eta_1 = \frac{\partial T}{\partial v}, \quad \zeta_1 = \frac{\partial T}{\partial w}, \quad \lambda_1 = \frac{\partial T}{\partial p}, \quad \mu_1 = \frac{\partial T}{\partial q}, \quad \nu_1 = \frac{\partial T}{\partial r};$$

ces quantités $\xi_1, \eta_1, \zeta_1, \lambda_1, \mu_1, \nu_1$ sont les composantes de la force et du couple constituant le torseur impulsif qu'il faudrait faire agir sur le corps pour produire le mouvement à partir du repos. Ce torseur à été appelé „impuls" par *W. Thomson*[98]).

Cette application des équations de Lagrange a besoin d'être justifiée, car d'une part la fonction T n'est pas sous la forme qu'elle devrait avoir puisqu'on en a éliminé les vitesses des éléments liquides en s'appuyant sur certaines conséquences des équations du mouvement (mouvement irrotationnel et acyclique); d'autre part le système matériel présente un nombre infini de degrés de liberté.

On a essayé de faire cette première partie de la justification par une théorie de l'„ignorance des paramètres"[99]), qui, dans ce qu'elle a d'essentiel, correspond à la théorie de la „fonction modifiée de Lagrange" due à *E. J. Routh*[100]).

Suivant cette théorie, si la position d'un système matériel dépend d'un nombre fini de paramètres

$$\theta_1, \theta_2, \ldots, \theta_m, \chi_1, \chi_2, \ldots, \chi_n$$

tels que les paramètres χ n'entrent que par leurs dérivées dans l'expression de l'énergie, les quantités de mouvement (paramètres d'impulsion) $\frac{\partial T}{\partial \chi'}$ correspondant à ces paramètres χ sont constantes. Les équations linéaires qui expriment cette constance permettent de faire disparaître les dérivées χ' des m équations du mouvement relatives aux paramètres θ. On dit alors que les paramètres χ sont „ignorés".

98) La théorie de l'„impuls" a été donnée par *W. Thomson,* On Vortex-motion.[5]); *H. Lamb* [Hydrodynamics[1]), p. 169] l'applique directement au problème du mouvement d'un solide dans un fluide.

99) *W. Thomson* et *P. G. Tait,* Natural philos.[5]), (6ᵉ éd.) 1[1], Cambridge 1903, p. 320 et suiv.; cf. *H. von Helmholtz,* Sitzgsb. Akad. Berlin 1884, p. 159/77, 311/8; J. reine angew. Math. 97 (1884), p. 111/40, 317/36; Wiss. Abh. 3, Leipzig 1895, p. 119/202.

100) A treatise on the stability of a given state of motion, particulary steady motion, Londres 1877.

Si en particulier les $\frac{\partial T}{\partial \chi'}$ s'annulent, le système matériel peut être porté au repos par l'application des seules impulsions qui correspondent aux paramètres θ; les équations du mouvement relatives aux θ sont alors simplement celles qu'on obtient par l'application directe des équations de Lagrange à la fonction T ainsi modifiée par l'élimination des dérivées χ'. On admet que cette proposition peut s'appliquer au problème d'hydrodynamique. Toutefois le passage d'un nombre fini à un nombre infini de paramètres, la difficulté de l'identification des paramètres à ignorer, sont des arguments qui font paraître plus acceptable l'application directe du principe d'Hamilton[101]).

Malgré ces objections, *W. Thomson*[93]) étendit la méthode au problème général du mouvement de corps transpercés, regardant les circulations $\varkappa_1, \varkappa_2, \ldots$ comme des quantités de mouvement généralisées correspondant à certains paramètres ignorés, et appliqua de nouveau les équations du mouvement d'un système présentant un nombre fini de degrés de liberté. Dans ce cas la nécessité d'une application directe du principe d'Hamilton se fait sentir encore davantage. C'est ce que fit *H. Lamb*[102]). On peut traiter ce sujet par une autre méthode[103]): former les expressions des forces et couples résultants représentant les actions du liquide sur les solides, et utiliser en même temps l'équation de pression [IV 17, 7 équation (9)].

Si les corps et le fluide se meuvent sous l'action de forces conservatives quelconques extérieures, si U est l'énergie potentielle du système, fonction des paramètres $q_1, q_2, \ldots, q_m$, si

$$T = \Pi + K$$

est l'énergie cinétique [n° 2b], on a pour chaque paramètre q une équation de la forme[104])

$$(2)\qquad \frac{d}{dt}\left(\frac{\partial \Pi}{\partial q_s'}\right) - \frac{\partial \Pi}{\partial q_s} + \frac{\partial K}{\partial q_s} + \sum_{r=1}^{r=n} \varkappa_r \sum_{s'=1}^{s'=m} q_{s'}' \cdot (r, s, s') + \frac{\partial U}{\partial q_s} = 0,$$

(r, s, s') étant une fonction déterminée des coordonnées q qui s'annule si

$$s = s',$$

et change de signe si on permute s et s'.

101) *C. Neumann*, Hydrodynamische Untersuchungen, Leipzig 1883.

102) Hydrodynamics[1]), p. 207. Voir aussi *J. Larmor*, Proc. Lond. math. Soc. (1) 15 (1883/4), p. 170/84.

103) *G. H. Bryan*, London Edinb. Dublin philos. mag. (5) 35 (1893), p. 338/54.

104) *W. Thomson*, Proc. R. Soc. Edinb. 7 (1869/72), p. 668 [1871]; London Edinb. Dublin philos. mag. (4) 45 (1873), p. 337; cf. *W. Thomson* et *P. G. Tait*, Natural philos.[99]), (6ᵉ éd.) 1[1], p. 320; *H. Lamb*, Hydrodynamics[1]), p. 211; *C. Neumann*, Hydrodynamische Unters.[97]), p. 63.

Cette fonction s'exprime simplement à l'aide des vitesses généralisées $\varrho_1', \varrho_2', \ldots, \varrho_n'$, qui correspondent aux quantités $\varkappa_1, \varkappa_2, \ldots, \varkappa_n$. Ces vitesses sont des fonctions linéaires des q' et des $\varkappa$ avec des coefficients dépendant uniquement des q. D'après cela $-\frac{\partial \varrho_r'}{\partial q_s'}$ est une fonction des q. Si nous l'appelons ξ_{rs}, nous avons

$$(r, s, s') = \frac{\partial \xi_{rs}}{\partial q_{s'}} - \frac{\partial \xi_{rs'}}{\partial q_s}.$$

Les vitesses $\varrho_1', \varrho_2', \ldots, \varrho_n'$ sont les flux à travers les ouvertures que présentent les corps[105]. Si $u_1, v_1, \ldots, r_1$ est le système de vitesses du corps qui présente l'ouverture dont la circulation est $\varkappa_1$, si $d\nu_1$ désigne l'élément de normale en un point de la coupure correspondant à cette circulation, on a

$$\varrho_1' = \varrho \iint \Big\{\frac{\partial \varphi}{\partial \nu_1} - \cos(\nu_1, x)(u_1 - r_1 y + q_1 z) - \cos(\nu_1, y)(v_1 - p_1 z + r_1 x) \\ - \cos(\nu_1, z)(w_1 - q_1 x + p_1 y)\Big\} d\omega_1.$$

Pour ce qui concerne l'expression de T au moyen des composantes de l'impuls, pour ce qui concerne l'influence d'un changement d'axes, nous renvoyons à l'article IV 15. On y trouvera des renseignements sur l'intégration des équations (1) dans des cas particuliers, de même que sur la théorie du mouvement permanent et de sa stabilité dans le cas d'un solide unique se mouvant dans un liquide indéfini sans circulation.

Du point de vue hydrodynamique l'importance des résultats réside dans ce fait que la résistance qu'un fluide parfait oppose au mouvement d'un solide a le caractère d'une simple augmentation de masse[106], la valeur et la position des masses ajoutées dépendant de la forme du corps et de son mouvement.

**V. Steklov*[107]) a obtenu les équations du mouvement d'un corps solide limité par une surface fermée S d'un ordre de connexité arbitraire, et ayant à son intérieur des cavités en nombre n limitées par des surfaces telles que S, remplies de liquides incompressibles. Le fluide est soumis à l'action de forces conservatives et le solide est

105) *W. Thomson*[104]), London Edinb. Dublin philos. mag. (4) 45 (1873), p. 332; *A. B. Basset,* Proc. Cambr. philos. Soc. 6 (1886/9), éd. 1889, p. 117.

106) *G. G. Stokes,* Trans. Cambr. philos. Soc. 8 (1842/9), p. 105 [1843]; Papers 1, Cambridge 1880, p. 51.

107) *Mémoire sur le mouvement d'un corps solide dans un liquide indéfini [Ann. Fac. sc. Toulouse (2) 4 (1902), p. 171/220]. On y trouve une application des équations générales trouvées, à d'importants problèmes, notamment à l'étude des solutions périodiques.*

soumis à l'action de forces quelconques; on suppose le mouvement irrotationnel, aussi bien pour les fluides intérieurs aux cavités que pour le fluide extérieur. *V. Steklov* ramène le problème à celui du mouvement d'un solide libre soumis à des forces extérieures données et à des forces de pression de la part des différents liquides. En conservant les notations utilisées pour les équations (1), les équations obtenues sont de la forme

$$\frac{d\xi_1}{dt} + q\zeta_1 - r\eta_1 = -\varrho\iiint\frac{\partial U}{\partial x}d\tau + \sum_{i=1}^{i=n}\varrho_i\iiint\frac{\partial U_i}{\partial x}d\tau_i + X,$$

. . . . (3 équations)

$$\frac{d\lambda_1}{dt} + q\nu_1 - r\mu_1 + v\zeta_1 - w\eta_1 = \varrho\iiint\left(z\frac{\partial U}{\partial y} - y\frac{\partial U}{\partial z}\right)d\tau$$
$$-\sum_{i=1}^{i=n}\varrho_i\iiint\left(z\frac{\partial U_i}{\partial y} - y\frac{\partial U_i}{\partial z}\right)d\tau_i + M_x;$$

. . . . (3 équations)

U et U_i sont les potentiels des forces qui agissent sur le fluide extérieur et sur le fluide occupant la $i^{\text{ième}}$ cavité; ϱ et ϱ_i sont les densités de ces fluides. Les intégrales écrites sont étendues aux volumes correspondants; X, Y, Z, M_x, M_y, M_z sont les composantes de la force et du couple résultants agissant sur le solide par l'effet des forces extérieures.*

2e. **Mouvement acyclique. Sphères.** Le potentiel de vitesses relatif au mouvement d'une sphère de masse m dans un liquide indéfini a été indiqué [n° 2a].

La pression résultante du liquide sur la sphère se compose de deux parties[87]):

1°) La pression produite par les forces extérieures agissant sur le liquide (même valeur qu'au repos)[108]),

2°) une force de valeur $\frac{1}{2}m'f$, m' étant la masse du liquide déplacé, f l'accélération du centre de la sphère. Cette force passe par le centre et est dirigée en sens contraire de f.

S'il n'y a pas de forces extérieures, la sphère se déplace d'un mouvement rectiligne et uniforme. Dans ce cas la pression est partout positive, si à l'infini elle dépasse la valeur[109])

$$\tfrac{5}{8}\varrho(u^2 + v^2 + w^2).$$

108) Ce résultat s'applique aussi aux corps non sphériques.

109) *W. Thomson* [Proc. R. Soc. London 42 (1887), p. 83/5; London Edinb. Dublin philos. mag. (5) 23 (1887), p. 255; Papers 4, Cambridge 1910, p. 149/51] discute le mouvement, lorsque la condition de pression n'est pas remplie.

Si le champ de forces extérieures est homogène d'intensité g, le centre se meut comme un point matériel avec une accélération constante

$$\frac{m - m'}{m + \frac{1}{2}m'} g;$$

il décrit une parabole. Ce résultat peut s'étendre à un corps arbitraire isotrope à condition de modifier le dénominateur[110])

$$m + \tfrac{1}{2}m'.$$

*Le mouvement d'un cylindre elliptique dans un liquide indéfini ainsi que le mouvement d'un ellipsoïde ont été traités par *A. G. Greenhill*[111]).*

Le fait que le potentiel des vitesses relatif à une sphère en mouvement est le même que celui qui est déterminé par un doublet [n° 2a] a permis d'appliquer la méthode des images au mouvement de deux sphères.

G. G. Stokes a le premier déterminé le mouvement produit par une sphère en mouvement dans un liquide enfermé dans une deuxième sphère, à l'instant où les deux sphères sont concentriques[12]). Il a déterminé le mouvement d'un corps limité par les portions extérieures de deux sphères orthogonales, sous l'hypothèse que le corps se meut parallèlement à la ligne des centres[14]). Dans ces cas le nombre des images est fini.

W. M. Hicks[112]) appliqua la méthode des images au problème général. Si les deux sphères se meuvent sur la ligne des centres avec les vitesses u et v, l'énergie cinétique est de la forme

$$\tfrac{1}{2}(Au^2 + Bv^2 + 2Cuv),$$

A, B, C désignant certaines fonctions déterminées des rayons a et b des sphères et de la distance des centres c. Il représente les fonctions A, B, C par des séries procédant suivant les puissances de $\frac{a}{c}$ et $\frac{b}{c}$.

Des résultats analogues ont été obtenus par *C. Neumann*[101]) au moyen d'un système particulier de coordonnées curvilignes orthogonales.

R. A. Herman[113]) a donné une expression générale des $n^{\text{ièmes}}$ termes des séries de *W. M. Hicks*; *A. B. Basset*[114]) a montré comment on peut

110) *F. Kötter,* Verh. phys. Ges. Berlin 6 (1887), p. 93. Voir un autre cas d'intégrabilité du mouvement sous l'action de forces extérieures dans *R. Paladini,* Atti R. Accad. Lincei *Rendic.* (4) 4 I (1888), p. 187/96.

111) *Messenger math. (2) 9 (1879/80), p. 117; Quart. J. pure appl. math. 16 (1879), p. 227. Cf. note 26.*

112) Philos. Trans. London 171 II (1880), p. 455/92 [1879].

113) Quart. J. pure appl. math. 22 (1887), p. 204, 370.

114) Proc. London math. Soc. (1) 18 (1886/7), p. 369/77; Hydrodynamics [1]) 1, p. 240.

obtenir approximativement les termes des séries par un déplacement de l'origine d'un système de fonctions sphériques.

S'il n'y a pas de forces extérieures agissant sur les sphères, la vitesse relative de séparation augmente constamment[115]). Si la sphère a de masse m exécute de petites oscillations pendulaires dans le voisinage d'une sphère fixe b, la présence de la sphère b augmente la période dans le rapport

$$\left(1+\frac{3}{4}\frac{m'}{m+\frac{1}{2}m'}\frac{a^3b^3}{c^6}\right),$$

m' étant la masse du liquide déplacé par la première sphère[116]).

Dans le cas du mouvement à angle droit sur la ligne des centres on n'a obtenu que des résultats approchés[117]). Mais dans ce cas aussi *R. A. Herman*[113]) a donné une expression générale des coefficients de l'énergie cinétique sous une forme symbolique.

*Le problème du mouvement de deux sphères dans un liquide indéfini a été de nouveau étudié par *R. Hargreaves*[118]).*

Si une sphère se meut dans le voisinage d'un plan fixe, elle est repoussée ou attirée par le plan suivant que l'angle que fait la direction de son mouvement avec la normale au plan est compris ou non entre α et $\pi-\alpha$, α étant la plus petite racine positive de l'équation

$$\tfrac{1}{2}\operatorname{tg}\alpha=\left(\frac{a^3+4d^3}{a^3+8d^3}\right)^{\frac{1}{2}};$$

d est la distance du centre au plan[117]).

Les résultats obtenus pour les sphères ont été étendus aux cylindres par *W. M. Hicks*[119]), qu'il y ait ou non circulation autour d'eux.

2f. Mouvement cyclique. *W. Thomson*[104]) a étudié le mouvement d'une sphère dans un espace de connexion multiple limité par une surface fixe, le rayon de la sphère étant petit par rapport à la distance du centre aux points de la limite. Dans ce cas toutes les quantités r, s, s' sont nulles identiquement, et K a la forme

$$-\frac{1}{2}\varrho\int\!\!\int P'\frac{\partial P}{\partial \nu}dS,$$

115) Ce théorème a été indiqué par *W. M. Hicks*[13]) et démontré par *C. Neumann*, Hydrodynamische Unters.[97]), p. 194/236.

116) De telles oscillations ont été discutées pour la première fois par *C. A. Bjerknes*[129]) et indépendamment par *F. Guthrie*, d'après *W. Thomson*, London Edinb. Dublin philos. mag. (4) 41 (1871), p. 405; cf. Reprint of papers[6]), (1re éd.) Londres 1872, p. 571; *W. M. Hicks*[13]), a donné le résultat énoncé ici.

117) *W. M. Hicks*[13]) et *A. B. Basset*[114]).

118) *Quart. J. pure appl. math. 41 (1910), p. 308/24.*

119) Id. 16 (1879), p. 113, 193; 17 (1881), p. 194; Proc. Cambr. philos. Soc. 3 (1876/80), p. 227 [1878]. Voir aussi *A. B. Basset*, Proc. Cambr. philos Soc. 6 (1886/9), p. 135 [1887].

cette intégrale étant étendue à la surface de la sphère; P et P' désignent respectivement les potentiels de vitesses des mouvements cycliques qui se produisent si la sphère est enlevée, ou si elle est maintenue fixe.

Dans le cas où la sphère et le liquide sont de même densité, et où il y a circulation autour d'un fil mince fixe s'étendant à l'infini, le centre de la sphère se meut comme s'il était attiré par le fil suivant une force inversement proportionnelle au cube de la distance.

J. W. Strutt[120]) et *A. G. Greenhill*[121]) ont étudié le mouvement cyclique à deux dimensions d'un fluide incompressible autour d'un cylindre circulaire en mouvement. S'il n'y a pas de forces extérieures, la trajectoire du centre est un cercle. Dans un champ homogène de forces extérieures, la trajectoire est une trochoïde.

A. B. Basset[122]) a étendu les résultats de l'intégration des équations (1) du n° **2**d, dans le cas d'un corps de révolution, à un anneau avec circulation dans son ouverture.

Le potentiel de vitesses relatif au mouvement d'un anneau parallèlement à son axe a été représenté par *W. M. Hicks*[123]) à l'aide des fonctions harmoniques correspondantes [fonctions toroïdes][124]). Le mouvement cyclique autour d'un anneau mince est donné par la même formule que le mouvement correspondant à un anneau de tourbillon de petite section [n° **3**a]. Deux anneaux de ce genre paraissent exercer l'un sur l'autre des forces de même grandeur et de même direction, mais avec des sens opposés[125]), que les actions mutuelles de deux courants électriques[126]).

2g. Sphères pulsantes. De petites oscillations de volume d'une sphère immergée dans un liquide y provoquent un potentiel de vi-

120) Messenger math. (2) 7 (1877/8), p. 14/6; Papers 1, Cambridge 1899, p. 344.

121) Messenger math. (2) 9 (1879/80), p. 117/20. Pour le problème correspondant relatif à plusieurs cylindres, voir *A. B. Basset*[119]).

122) Proc. Cambr. philos. Soc. 6 (1886/9), p. 47 [1887]; Hydrodynamics[1]) 1, p. 196. L'intégration mentionnée dans le texte est traitée en détail dans *Miss P. G. Fawcett,* Quart. J. pure appl. math. 26 (1893), p. 231/58.

123) Philos. Trans. London 172 III (1882), p. 609/52 [1881]. Voir aussi *F. W. Dyson,* id. 184 A (1893), p. 69/72, 1041/1106.

124) Les fonctions dont il s'agit ont été introduites pour la première fois par *C. Neumann,* Allgemeine Lösung des Problems über den stationären Temperaturzustand eines homogenen Körpers, welcher von zwei nichtkonzentrischen Kugelflächen begrenzt ist, Halle 1862.

125) *W. Thomson,* Reprint of papers[8]), (1re éd.) p. 569, 587. Voir aussi *E. Riecke,* Nachr. Ges. Gött. 1887, p. 505; *C. A. Bjerknes,* Acta math. 4 (1884), p. 121/70.

126) *G. Kirchhoff,* J. reine angew. Math. 71 (1870), p. 263; Ges. Abh., Leipzig 1882, p. 404; *L. Boltzmann,* J. reine angew. Math. 73 (1871), p. 113/34.

tesses de même espèce qu'une source de débit variable. Deux sphères présentant des oscillations de ce genre modifient par cela même la pression hydrodynamique. Il en résulte une attraction ou répulsion apparente entre les sphères; si la distance des centres est grande par rapport aux rayons, la grandeur de cette attraction ou répulsion est inversement proportionnelle au carré de cette distance. Si les sphères ont la même période et si leurs phases ne diffèrent pas de plus d'un quart de période, il se produit une attraction[127]).

La théorie des forces apparentes s'exerçant entre des sphères pulsantes et oscillantes dans un liquide incompressible a été exposée dans une suite de mémoires par *C. A. Bjerknes*[128]).

W. M. Hicks[127]) a fait remarquer que le théorème général relatif aux attractions ou répulsions apparentes entre plusieurs sphères pulsantes peut s'étendre à un système de corps non sphériques pulsants. Il construit d'après ces résultats une théorie de la gravitation en ad-

127) Ce résultat a été trouvé pour la première fois par *C. A. Bjerknes*, Forhandlinger Videnskabs-Selskabet Christiania 1875, éd. 1876, p. 386/400; *C. A. Bjerknes* appelle „pulsants" les corps qui changent périodiquement de volume, et „oscillants" les corps qui changent périodiquement de place*; voir aussi *W. M. Hicks*, Proc. Cambr. philos. Soc. 3 (1876/80), p. 276 [1878]; 4 (1880/3), p. 29 [1880]; *W. Voigt* [Nachr. Ges. Gött. 1891, p. 37/46] a donné une démonstration simple. *K. Pearson* [Quart. J. pure appl. math. 20 (1885), p. 60, 184] a traité des problèmes analogues pour des ellipsoïdes.

U. Grassi [Ann. R. Soc. mat. di Pisa 9 (1904), mém. n° 3, p. 1/86] étudie également le cas des ellipsoïdes pulsants et étend les résultats au cas de corps pulsants dont la surface présente certaines symétries.*

128) Forhandl. Videnskabs-Selskabet Christiania 1864, éd. 1865, p. 13/42 [1863]; 1869, éd. 1870, p. 355/6] 1868]; 1872, éd. 1873, p. 327/405 [1871]; 1876, éd. 1877, p. 386/400 [1875]; Nachr. Ges. Gött. 1876, p. 245/88. Au sujet des recherches expérimentales de *C. A. Bjerknes*, voir *O. E. Schiötz*, Nachr. Ges. Gött. 1877, p. 291/310; *C. A. Bjerknes*, Nachr. Ges. Gött. 1877, p. 310/2; C. R. Acad. sc. Paris 84 (1877), p. 1222/5, 1309/12, 1375/7, 1446, 1493/6; 88 (1879), p. 165/7, 280/2; 89 (1879), p. 144/6; *le tome 84 contient des remarques historiques sur le problème des sphères pulsantes;* voir aussi le compte rendu donné par *L. E. Bertin*, Ann. chimie et phys. (5) 25 (1882), p. 257/83. Au sujet de la théorie de *C. A. Bjerknes* voir *V. Bjerknes*, Vorlesungen über hydrodynamische Fernkräfte nach C. A. Bjerknes Theorie 1, Leipzig 1900; 2, Leipzig 1902. Les idées de *C. A. Bjerknes* ont été analysées par *V. Bjerknes* [Rapports présentés au congrès international de physique 1, Paris 1900, p. 251/76]; cf. *A. Korn*, Theorie der Gravitation und der elektrischen Erscheinungen auf Grundlage der Hydrodynamik, Berlin 1898.

*Voir aussi *V. Bjerknes* [Forhandlinger Videnskabs-Selskabet Christiania 1904, éd 1905, mém. n° 8, p. 1/16; Acta math. 30 (1906), p. 99/143; Z. Math. Phys. 50 (1904), p. 422/43; Archiv mat. astron. och fys. Stockholm 1 (1904/5), p. 225/50; Archives sc. phys. nat. Genève (5) 20 (1905), p. 268/84, 325/50, 473/505] où sont analysées en détail les profondes analogies qui lient les phénomènes hydrodynamiques et les phénomènes électriques ou magnétiques.*

jonction à la théorie des atomes tourbillons. Les atomes de la matière y sont considérés comme des tubes tourbillons creux[129]).

La propagation des ondes à travers un fluide compressible contenant un agrégat de sphères pulsantes a été traitée par *A. V. Bäcklund*[130]).

*Sur les mêmes principes, *A. Korn*[131]) a fondé la théorie des vibrations universelles qui permet de regarder les phénomènes de la gravitation et de la répulsion entre les particules d'un gaz (loi de Maxwell) comme des conséquences des vibrations propres d'un système composé de particules pondérables faiblement compressibles et d'une matière incompressible pour des vibrations rapides. La vibration fondamentale consiste en des pulsations des particules pondérables, pulsations qui ont pour conséquence, conformément aux résultats de *C. A. Bjerknes*, une attraction de ces particules suivant la loi de Newton. La considération des harmoniques (oscillations irrégulières des particules) permet d'expliquer la loi de Maxwell.*

**S. Guggenheimer*[132]) étend la théorie de *A. Korn* en ne supposant pas les particules de matière nécessairement sphériques: il étudie les pulsations d'un anneau circulaire et montre qu'aux grandes distances un tel anneau se comporte comme une sphère pulsante; il étudie aussi le cas d'une sphère et d'un anneau concentrique ou non.*

Mouvements tourbillonnaires.

3a. Détermination des vitesses en fonction des tourbillons. Tout fluide parfait en mouvement est formé de deux portions bien distinctes dont l'une a un mouvement constamment irrotationnel, l'autre un mouvement constamment tourbillonnaire[133]); cette portion peut être

---

129) Pour la théorie des atomes tourbillons, voir n° **3a**; pour la notion de tourbillon creux voir **3b**. Le fait que la période de la pulsation est indépendante de la vitesse de translation constitue pour cette théorie de la gravitation une grande difficulté; voir *W. M. Hicks*[149]).

130) Math. Ann. 34 (1889), p. 371/446. Pour la propagation des ondes dans un milieu formé d'atomes tourbillons voir *W. M. Hicks* [Report. Brit. Assoc. 65, Ipswich 1895, éd. Londres 1895, p. 595, 612/3] et *W. Thomson* [Report. Brit. Assoc. 57, Manchester 1887, éd. Londres 1888, p. 486/95].

131) *Theorie der Gravitation und der elektrischen Erscheinungen auf Grundlage der Hydrodynamik, Berlin 1898; Sitzgsb. Akad. München 29 (1899), p. 223/9; Naturwissenschaftliche Wochenschrift (2) 1 (1902), p. 330/2; C. R. Acad. sc. Paris 134 (1902), p. 31; 152 (1911), p. 306; Ann. Éc. Norm. (3) 25 (1908), p. 529; Theorie der Reibung in continuirlichen Massensystemen, Berlin 1902.*

132) *Sitzgsb. Akad. München 34 (1904), p. 41/57; 35 (1905), p. 265/313.*

133) *Au sujet de la formation des tourbillons dans les fluides parfaits, voir *F. Klein*, Z. Math. Phys. 58 (1910), p. 259/62. Sur la conservation des tourbillons, voir *K. Zorawski*, Bull. intern. Acad. sc. Cracovie 1900, éd. 1900, p. 335/42.*

considérée comme formée par une infinité de filets de tourbillon se fermant sur eux-mêmes ou se terminant à la limite du fluide.

Les composantes u, v, w de la vitesse en fonction des composantes ξ, η, ζ du tourbillon et de la vitesse de dilatation Θ sont déterminées par

$$\frac{\partial w}{\partial y} - \frac{\partial v}{\partial z} = 2\xi, \quad \frac{\partial u}{\partial z} - \frac{\partial w}{\partial x} = 2\eta, \quad \frac{\partial v}{\partial x} - \frac{\partial u}{\partial y} = 2\zeta;$$

$$\frac{\partial u}{\partial x} + \frac{\partial v}{\partial y} + \frac{\partial w}{\partial z} = \Theta.$$

Ces composantes peuvent être représentées par un potentiel de vitesses et un potentiel vecteur au moyen des formules[134])

$$u = \frac{\partial \varphi}{\partial x} + \frac{\partial H}{\partial y} - \frac{\partial G}{\partial z}, \quad v = \frac{\partial \varphi}{\partial y} + \frac{\partial F}{\partial z} - \frac{\partial H}{\partial x}, \quad w = \frac{\partial \varphi}{\partial z} + \frac{\partial G}{\partial x} - \frac{\partial F}{\partial y},$$

dans lesquelles

$$\frac{\partial F}{\partial x} + \frac{\partial G}{\partial y} + \frac{\partial H}{\partial z} = 0.$$

S'il s'agit d'un fluide indéfini en repos à l'infini, si les filets de tourbillon ne s'étendent pas à l'infini, le potentiel de vitesses et le potentiel vecteur sont donnés par les relations[134])

$$\varphi = -\iiint \frac{\Theta'}{4\pi r} dx'dy'dz'; \quad F = \iiint \frac{\xi'}{2\pi r} dx'dy'dz', \quad \ldots$$

r désignant la distance du point (x', y', z') au point (x, y, z) où l'on cherche φ, F, G, H.

Si le fluide est enfermé dans une limite fixe ou non, il faut ajouter à la valeur de φ ainsi déterminée une solution de l'équation

$$\Delta \varphi = 0$$

telle que les conditions aux limites soient remplies. La part contributive de chaque élément $d\tau$ des anneaux de tourbillon dans les composantes u, v, w de la vitesse au point (x, y, z) est déterminée par les formules[135])

$$\delta u = \frac{1}{2\pi}\left(\eta' \frac{z - z'}{r^3} - \zeta' \frac{y - y'}{r^3}\right) d\tau, \quad \ldots$$

x', y', z' étant les coordonnées de l'élément $d\tau$ et ξ', η', ζ' les composantes du vecteur tourbillon en ce point. En un point où le mouvement est irrotationnel, un anneau de tourbillon infiniment délié de moment m

134) *G. G. Stokes*, Trans. Cambr. philos. Soc. 9 I (1849/50), éd. 1851. p. 1 [1849]; Papers 2, Cambridge 1883, p. 243; *H. von Helmholtz*, J. reine angew. math. 55 (1858), p. 38; Wiss. Abh. 1, Leipzig 1882, p. 115. *Au sujet de ces formules et d'autres proposées par *A. Clebsch* dans un but analogue, voir une remarque de *J. Hadamard*, Leçons sur la propagation des ondes, Paris 1903, p. 79.*

135) *H. von Helmholtz*, J. reine angew. Math. 55 (1858), p. 40; Wiss. Abh. 1, Leipzig 1882, p. 117.

donne pour le potentiel des vitesses la valeur $m\frac{\Omega}{4\pi}$, Ω étant l'angle solide sous lequel l'anneau est vu du point considéré[136]).

S'il s'agit d'un liquide incompressible remplissant un espace indéfini ou limité et simplement connexe, la vitesse des éléments liquides est déterminée si l'on se donne la distribution (nécessairement solénoïdale) du tourbillon; celui-ci varie ensuite avec le temps conformément à la loi exprimée par les équations (6) [IV 17, 7]. La suite du mouvement est ainsi déterminée. Comme les anneaux de tourbillon se meuvent avec le liquide, leur mouvement est déterminé par des équations d'où toutes les forces ont été éliminées[137]).

*Le problème revient donc à déterminer les vitesses (u, v, w) dans tout le liquide, supposant connus les tourbillons (ξ, η, ζ) à un instant donné. La solution de ce problème est classique [cf. note 97] s'il s'agit d'un fluide indéfini. Si le liquide est renfermé dans un vase fixe les formules classiques ne résolvent pas à proprement parler la question: elles exigent en effet[138]) outre la connaissance des tourbillons celles des vitesses à la paroi du vase. *V. Steklov*[139]) remédie à ce défaut et calcule même les vitesses (u, v, w) en chaque point d'un liquide enfermé dans un vase animé d'un mouvement donné, connaissant uniquement les tourbillons à un instant déterminé. Il déduit de ses résultats diverses conséquences très importantes relatives notamment au mouvement d'une masse fluide dont les éléments s'attirent suivant la loi de Newton et dont la surface libre conserve, sous pression constante, la forme d'un ellipsoïde, problème qui sera traité dans le n° **4**.*

L'énergie cinétique d'un liquide incompressible indéfini dans lequel le mouvement tourbillonnaire ne s'étend pas à l'infini, est donnée par l'expression[140])

$$\frac{\varrho}{2\pi}\iiiiiint\frac{\xi\xi'+\eta\eta'+\zeta\zeta'}{r}\,dx\,dy\,dz\,dx'\,dy'\,dz'.$$

On peut se représenter le mouvement de ce liquide comme produit à

136) *H. Lamb,* Hydrodynamics[1]), p. 233. *Au sujet de la détermination des vitesses en fonction du tourbillon, voir aussi *H. Poincaré,* Théorie des tourbillons, rédigée par *M. Lamotte,* Paris 1893, p. 40/71, 130.* Pour le cas des fluides compressibles, voir *L. Boltzmann,* J. reine angew. Math. 73 (1871), p. 111/34; *M. Brillouin,* Ann. Fac. sc. Toulouse (1) 1 (1887), revue de physique, p. 1/80.

137) *J. Larmor* [Nature (Londres) 62 (1900), p. 454; Report. Brit. Assoc. 70, Bradford 1900, éd. Londres 1901, p. 624] met en lumière la portée générale de ce résultat.

138) **P. Appell,* Mécanique rationnelle (2ᵉ éd.) 3, Paris 1909, p. 445.*

139) *Ann. Fac. sc. Toulouse (2) 10 (1908), p. 271/334.*

140) *H. Lamb,* Hydrodynamics[1]), p. 240. *Cf. *H. Poincaré,* Tourbillons[136]), p. 129 et suiv.*

partir du repos par des forces impulsives et des pressions impulsives. Si

$$X'd\tau,\ Y'd\tau,\ Z'd\tau$$

sont les composantes de la force impulsive agissant sur le petit élément de volume $d\tau$, si la pression impulsive est p_0, on a les équations

$$\varrho u = X' - \frac{\partial p_0}{\partial x},\quad \varrho v = Y' - \frac{\partial p_0}{\partial y},\quad \varrho w = Z' - \frac{\partial p_0}{\partial z},$$

où l'on peut encore choisir p_0 d'une infinité de manières.

Imaginons une surface S enfermant toute la partie tourbillonnaire; à l'extérieur de S le mouvement admet un potentiel de vitesses φ. Choisissons dans cette région p_0 égal à $-\varrho\varphi$, et faisons varier les dérivées de p_0 prises suivant la normale, d'une manière continue quand on traverse la surface S. Si l'on forme le torseur impulsif résultant des impulsions

$$X'd\tau,\ Y'd\tau,\ Z'd\tau$$

relatives aux points intérieurs à S, la limite de ce torseur quand S s'éloigne à l'infini s'appelle pour abréger „impuls"[98]).

Ses composantes

$$\xi_1,\ \eta_1,\ \zeta_1,\ \lambda_1,\ \mu_1,\ \nu_1$$

sont données par les relations[141])

$$\xi_1 = \varrho\iiint(y\zeta - z\eta)\,dx\,dy\,dz,\quad \ldots,$$

$$\lambda_1 = \varrho\iiint(y^2 + z^2)\,\xi\,dx\,dy\,dz,\quad \ldots$$

La théorie des atomes-tourbillons de *W. Thomson*[142]) donne un intérêt particulier à l'étude des anneaux de tourbillon. Dans cette théorie, les atomes de la matière sont représentés par des anneaux de tourbillon. De tels anneaux sont indestructibles et impénétrables; l'ordre de connexion de l'espace entourant un anneau de ce genre ainsi que le moment de l'anneau sont constants.

On a aussi introduit des systèmes d'anneaux enchaînés pour représenter les atomes de certaines substances[141]). On a cherché si une théorie basée sur ces principes peut donner une explication des propriétés thermiques des gaz, de la correspondance des raies spectrales avec la constitution chimique, des circonstances relatives à la dissociation ou à la combinaison chimiques; on a entrepris dans ce but des recherches qui, entre autres, ont trait à l'action mutuelle de deux

141) *J. J. Thomson,* A treatise on the motion of vortex-rings, Londres 1883.

142) Proc. R. Soc. Edinb. 6 (1866/9), p. 94/105; London Edinb. Dublin philos. mag. (4) 33 (1867), p. 15/24; Papers 4, Cambridge 1910, p. 1/12.

anneaux voisins, aux périodes et aux différents modes de vibration des anneaux, à la stabilité des systèmes de tourbillons[143]).

Tous ces sujets ont été en particulier traités par *J. J. Thomson*[141]). Il utilisa pour ces recherches les formules relatives à l'énergie, à l'impuls, au potentiel de vitesses, ce dernier sous la forme où il résulte d'un anneau de section infiniment petite.

3b. Tourbillons circulaires. *H. von Helmholtz*[135]) a considéré des systèmes d'anneaux circulaires minces de même axe dans un liquide incompressible indéfini. La vitesse est déterminée par une fonction axiale de courant ψ. Le potentiel vecteur est perpendiculaire en chaque point au plan méridien et a la valeur $-\frac{\psi}{\varpi}$. Le vecteur tourbillon ω a la même direction, sa valeur et celle de ψ sont liées par l'équation

$$2\omega = \frac{1}{\varpi}\left(\frac{\partial^2\psi}{\partial\varpi^2} + \frac{\partial^2\psi}{\partial z^2} - \frac{1}{\varpi}\frac{\partial\psi}{\partial\varpi}\right).$$

Dans un mouvement permanent, la constance du moment d'un anneau de tourbillon exige que $\frac{\omega}{\varpi}$ soit une fonction de ψ[144]).

Dans le cas d'un seul anneau mince de moment m, on peut déterminer approximativement le mouvement[145]), en admettant que la section de l'anneau est un cercle de rayon c, l'ouverture un cercle de rayon a, $\frac{c}{a}$ étant petit. Si l'on admet en outre que $\frac{\omega}{\varpi}$ est constant dans l'anneau, l'anneau se déplace parallèlement à son axe avec une vitesse w_0 égale approximativement à[146])

$$m(2\pi a)^{-1}\log_e\left(\frac{8a}{c}\right).$$

143) *W. Thomson,* „Vortex-statics", Proc. R. Soc. Edinb. 9 (1875/8), p. 59/73; London Edinb. Dublin philos. mag. (5) 10 (1880), p. 97/109; Papers 4, Cambridge 1910, p. 115/28; Maximum and minimum energy in vortex motion [Nature (Londres) 22 (1880), p. 618; London Edinb. Dublin philos. mag. (5) 23 (1887), p. 529].

144) *G. G. Stokes*[48]) donne l'équation que vérifie ψ dans un mouvement permanent.

145) *H. Lamb,* Hydrodynamics[1]), p. 255. *Voir aussi *A. B. Basset,* A treatise on hydrodynamics 2, Cambridge 1888, p. 60.*

146) *W. Thomson* [London Edinb. Dublin philos. mag. (4) 33 (1867), p. 511; Papers 4, Cambridge (Londres) 1910, p. 67] a obtenu le résultat

$$m(2\pi a)^{-1}\left\{\log_e\frac{8a}{c} - \frac{1}{4}\right\};$$

cf. *H. Lamb,* Hydrodynamics[1]), p. 260; *J. J. Thomson*[141]); *T. C. Lewis* [Quart. J. pure appl. math. 16 (1879), p. 338/47]; *C. Chree* [Proc. Edinb. math. Soc. 6 (1887/8), p. 59/68], ont tous trouvé pour le second facteur

$$\left\{\log_e\frac{8a}{c} - 1\right\}.$$

Les méthodes employées peuvent toutefois donner une erreur sur ce second terme. Le résultat de *W. Thomson* a été vérifié par *W. M. Hicks*[150]) en tenant compte de termes d'ordre plus élevé.

*Notons d'ailleurs que ce résultat est contesté par *J. Weingarten*[147]) qui a étudié le même problème par une analyse nouvelle, dans un important mémoire dont il va être question (p. 142); *J. Weingarten* trouve, pour la vitesse de translation de l'anneau, une valeur double de celle écrite ci-dessus.

Enfin la fonction de ψ est donnée approximativement par

$$\psi = \frac{m a \varpi}{2\pi} \int_0^{2\pi} \frac{1}{\sqrt{a^2 + z^2}} \left\{1 - \frac{2 a \varpi}{a^2 + z^2} \cos\theta + \frac{\varpi^2}{a^2 + z^2}\right\}^{-\frac{1}{2}} \cos\theta \, d\theta.$$

L'anneau se déplace accompagné par une atmosphère[148]) formée par les éléments liquides dont les trajectoires par rapport à l'anneau sont des courbes fermées traversant son ouverture.

La surface de cette atmosphère est déterminée par l'équation

$$2\psi\varpi^{-2} = w_0.$$

Cette surface n'a d'ouverture que si $\frac{c}{a}$ est assez petit pour que

$$\log_e\left(\frac{8a}{c}\right) > 2\pi.$$

Cette théorie approximative de l'anneau unique a été perfectionnée par *W. M. Hicks* par l'introduction des fonctions harmoniques relatives à l'anneau circulaire[125]). Il a d'abord traité le cas d'un mouvement irrotationnel avec circulation autour d'une cavité en forme d'anneau[149]), puis le cas d'un anneau mince avec un noyau de filets de tourbillons[150]). Si le tourbillon creux a un mouvement permanent, la pression à l'infini est

$$m^2 \rho (2\pi^2 c^2)^{-1},$$

en désignant par $2m$ la circulation. Il trouva en outre que la section d'un tourbillon de ce genre s'écarte quelque peu de la forme d'un cercle, ressemblant davantage à une ellipse dont le grand axe serait parallèle à l'axe de l'anneau (cette ellipse serait un peu plus plate à l'intérieur qu'à l'extérieur).

---

147) *Nachr. Ges. Gött. 1906, math.-phys. p. 81/93.*

148) *La propriété générale d'un anneau de tourbillon de s'entourer d'une atmosphère a été signalée par *W. Thomson,* Proc. R. Soc. Edinb. 6 (1866/9), p. 94/105; London Edinb. Dublin philos. mag. (4) 34 (1867), p. 15/24; Papers 4, Cambridge 1910, p. 1/12.*

149) Un espace creux du genre de celui décrit dans le texte s'appelle un „tourbillon creux". *W. M. Hicks,* Philos. Trans. London 175 I (1884), p. 161/95.

150) *W. M. Hicks,* Philos. Trans. London 176 II (1885), p. 725/59. La théorie donnée par *W. M. Hicks* a été développée par *A. B. Basset,* Hydrodynamics[145]) 2, p. 80/8 *et par *W. M. Hicks* lui-même, On spiral or gyrostatic vortex aggregates [Philos. Trans. London 192 A (1899), p. 33/99].*

Pour que l'atmosphère de l'anneau soit elle-même disposée en forme d'anneau, on doit avoir

$$\frac{c}{a} < 10^{-2},$$

comme l'a montré *W. M. Hicks.* Cette propriété d'un anneau de tourbillon de s'entourer d'une atmosphère en mouvement cyclique irrotationnel limitée dans certains cas par une surface fermée sans ouverture est particulièrement importante dans d'autres domaines de recherches physiques[151]).

**N. E. Žukovskij*[152]) a étudié le problème analogue aux précédents où l'on suppose qu'un anneau liquide en forme de tore se meut de manière que sa surface porte une couche infiniment mince de tourbillons, tandis que le liquide intérieur au tore se déplace parallèlement à l'axe du tore.

Dans toutes les études relatives à l'anneau-tourbillon circulaire, supposé composé de filets-tourbillons remplissant tout le volume du tore, il semble qu'on ait surtout examiné les conditions du mouvement sans porter attention sur la manière dont se comporte la pression. Un important travail de *J. Weingarten*[147]) est consacré surtout à cette question. Pour éviter les objections qu'on peut apporter a priori à la considération d'un anneau de section infinement petite, l'auteur part d'un anneau-tourbillon de section finie (la forme de cette section étant d'ailleurs quelconque), et il ramène la détermination des éléments du mouvement à celle d'un potentiel de double couche; la pression dans le fluide est alors calculée à l'intérieur et à l'extérieur de l'anneau. Appliquant les résultats obtenus à l'anneau de section circulaire, on trouve que, si la section est très petite, la pression dans le liquide, au voisinage de l'anneau, est négative et très grande. Ce résultat est obtenu en supposant nulle la pression aux très grandes distances: il subsiste quelque grande que l'on puisse supposer la pression à l'infini. Ce fait donne à réfléchir sur la possibilité de la formation d'un anneau tourbillon dans un fluide incompressible: la naissance d'un tel anneau entraînerait une solution de continuité dans le fluide et les équations de l'hydrodynamique cesseraient dès lors d'être applicables.*

Étant donné un système d'anneaux de tourbillon circulaires de même axe, désignons par $m_1, m_2 \ldots$ leurs moments, par $a_1, a_2 \ldots$ les rayons de leurs ouvertures, par $z_1, z_2 \ldots$ les distances de leurs centres à un point fixe de l'axe. Chacun de ces anneaux possède d'une part sa vitesse de progression propre et obéit en outre aux vitesses pro-

151) *J. Larmor,* Philos. Trans. London 185 A (1894), p. 774.

152) *Math. Sbornik (recueil math. Soc. sc. Moscou) 26 (1906/8), p. 483/90.*

venant des autres anneaux. Soient v_k, w_k les vitesses radiale et axiale de l'anneau d'indice k, réglées par les autres anneaux, χ_k le potentiel vecteur, pour cet anneau, fixé par l'action des autres anneaux; ces quantités sont liées par les équations[135])

$$\sum_{(k)} m_k v_k a_k = 0, \qquad \sum_{(k)} m_k a_k (2 a_k w_k - v_k z_k - \chi_k) = 0.$$

Deux anneaux, dont les tourbillons sont orientés dans le même sens, se déplacent dans le même sens parallèlement à l'axe: celui qui marche en avant grandit pendant que sa vitesse diminue, l'autre diminue pendant que sa vitesse augmente, de sorte qu'il peut arriver que les deux anneaux se traversent alternativement. Si les tourbillons sont orientés en sens contraire, les anneaux s'approchent avec une vitesse décroissante, et s'éloignent en général avec une vitesse croissante[153]). *Il ne semble pas impossible[154]) cependant que l'un d'eux plus intense et plus grand entraîne l'autre dans son mouvement de translation, chacun oscillant autour d'une position moyenne. Deux anneaux symétriques par rapport à un plan P restent symétriques par rapport à ce plan. Le liquide situé dans ce plan reste immobile, le plan peut donc être remplacé par une cloison fixe. On obtient ainsi par la méthode des images le mouvement d'un anneau circulaire dans un liquide indéfini limité à un plan fixe parallèle au plan de l'anneau.*

*Aux recherches exposées ici se rattachent différents mémoires de *L. Sante da Rios*[155]) sur le mouvement d'un liquide indéfini dans lequel existe un tube-tourbillon de forme quelconque; en supposant ce tube très mince et géométriquement assimilable à une ligne L, cette ligne se comporte comme un fil flexible et inextensible. Si c et τ désignent la courbure et la torsion de cette ligne en un point correspondant à la valeur s de l'arc, les équations intrinsèques du mouvement de L sont les suivantes:

$$\frac{dc}{dt} = c\tau' + 2c'\tau, \qquad \frac{d\tau}{dt} = -cc' + \left(\tau^2 - \frac{c''}{c}\right)',$$

153) L'étude expérimentale des propriétés mentionnées dans le texte a déjà été abordée par *H. von Helmholtz*, J. reine angew. Math. 55 (1858), p. 55; Wiss. Abh. 1, Leipzig 1882, p. 134. Pour ce qui concerne les méthodes employées et les résultats, voir *W. B. Rogers*, Amer. J. of science and arts (2) 26 (1858), p. 246/53; *E. Reusch*, Ann. Phys. und Chemie, Zweite Folge (4) 20 (1860), p. 309/16; *P. G. Tait*, Lectures on some recent advances in physical science, (1re éd.) Londres 1876; trad. par *Krouchkoll*, Conférences sur quelques progrès récents de la physique, Paris 1887; *R. S. Ball*, Trans. Irish Acad. Dublin 25 (1875), p. 135/55 [1871]; *M. Brillouin*, Ann. Fac. sc. Toulouse (1) 1 (1887), revue de physique, p. 1/72.*

154) **M. Brillouin*, Ann. Fac. sc. Toulouse (1) 1 (1887), revue de physique, p. 1/80.*

155) *Rend. Circ. mat. Palermo 22 (1906), p. 117/35; 29 (1910), p. 354/68; Giorn. mat. (3) 2 (1911), p. 300/8.*

les accents désignant des dérivées par rapport à l'arc s de la courbe, et t désignant le temps.

Ces formules permettent notamment l'étude de la forme des filets-tourbillons qui se déplacent sans changer de forme. Pour que ces formules soient à l'abri d'objections concernant le fait qu'au voisinage d'un filet infiniment délié, les formules fournissant les vitesses ne sont peut-être plus valables, on doit d'abord supposer le tube de section finie, et chercher la vitesse en un point intérieur, avant de passer à la limite: c'est ce qui est étudié en détail. Ceci conduit pour des tubes de section finie, à d'intéressantes conclusions: si la section par exemple est circulaire, on peut imaginer le cercle-section décomposé en zones concentriques, chaque zone étant animée d'une rotation autour du centre commun.

Notons encore sur ces sujets une étude de *C. W. Oseen*[156]) sur le cas où le fluide contiendrait un seul filet-tourbillon, en forme d'hélice. Ce cas offre de remarquables analogies avec ceux des filets rectilignes et circulaires.*

3c. Champs plans de tourbillons. La théorie générale des tourbillons peut être illustrée par une discussion du mouvement à deux dimensions.

Dans un mouvement à deux dimensions parallèlement au plan des xy, les lignes de tourbillon sont rectilignes et normales au plan; soient (x_1, y_1), (x_2, y_2), ... les coordonnées des traces sur ce plan de n tubes de tourbillon de sections infiniment petites, $m_1, m_2, \ldots$ leurs moments, $r_{kk'}$ la distance des tubes d'indices k et k'. Le mouvement de ces tubes est déterminé par les équations

$$m_k \frac{dx_k}{dt} = \frac{\partial H}{\partial y_k}, \qquad m_k \frac{dy_k}{dt} = -\frac{\partial H}{\partial x_k},$$

dans lesquelles on a posé

$$H = -\frac{1}{2\pi} \sum_{(k,\,k')} m_k m_{k'} \log_e r_{kk'}.$$

Si l'on attribue aux traces des tubes des masses $m_1, m_2 \ldots$, leur centre de gravité reste immobile, car

$$\sum_{(k)} m_k (x_k + i y_k)$$

reste constant; donc

$$\sum_{(k)} m_k (x_k^2 + y_k^2)$$

reste constant et de même H[157]).

156) *Öfversigt Vetensk.-Akad. förhandl. (Stockholm) 59 (1902), p. 289/308.*

157) *G. Kirchhoff,* Mechanik[8]), (3e éd.) p. 259, 260.

*Les équations du mouvement des tubes, mises sous la forme canonique des équations hamiltoniennes, ont été étudiées par *E. Laura*[158]) de ce nouveau point de vue. Divers cas particuliers du mouvement ont été examinés par *E. Laura* et *W. Gröbli*[159]).*

La théorie de *H. von Helmholtz* relative au mouvement de plusieurs anneaux circulaires de même axe peut être illustrée par la considération de couples de tourbillons placés symétriquement par rapport à un même axe, les intensités de deux tourbillons symétriques étant égales au signe près[160]).

E. Riecke[161]) a considéré l'„atmosphère" d'un couple de ce genre. La stabilité de configurations particulières de tubes de tourbillon parallèles éclaire le problème général de la stabilité des anneaux enchaînés. Si *n* tubes de tourbillon se trouvent aux sommets d'un polygone régulier, ils peuvent se mouvoir uniformément sur le cercle circonscrit. Ce mouvement est stable si *n* ne dépasse pas la valeur six[141]).

*A ces questions de configuration de systèmes de tubes-tourbillons parallèles et de leur stabilité, se rattache une très intéressante tentative de *Th. von Kármán* et *H. Rubach*[162]) en vue d'établir une application théorique de la résistance des fluides à l'avancement d'un solide, mobile d'un mouvement rectiligne uniforme, avec une grande vitesse. A l'arrière d'un cylindre en mouvement perpendiculairement à son axe, on peut imaginer la surface de glissement de *H. von Helmholtz* [cf. n° **1**e] résolue en une double série de filets-tourbillons rectilignes parallèles au cylindre. Il résulte des expériences de *H. Bénard*[163]) que cette naissance de tourbillons se produit effectivement, avec une périodicité nettement caractérisée, un tube-tourbillon se détachant alternativement d'un côté et de l'autre de la surface du cylindre. *Th. von Kármán* et *H. Rubach* étudient théoriquement et expérimentalement ce phénomène et envisagent la stabilité d'un système de tourbillons de cette nature, dont les traces sur un plan normal au cylindre sont disposées en deux files parallèles indéfinies; la stabilité est obtenue, dans certaines conditions, pour une valeur déterminée du rapport entre la

158) *Atti Accad. Torino 40 (1904/5), p. 296/312.*

159) Diss. Göttingue 1877; Viertelj. Naturf. Ges. Zürich 22 (1877), p. 37/81, 129/65.

160) *W. Gröbli*[159]); *A. E. H. Love,* Proc. London math. Soc. (1) 25 (1893/4), p. 185.

161) Nachr. Ges. Gött. 1888, p. 351/5. *E. Riecke* et *W. Gröbli*[159]) donnent des tracés des trajectoires des éléments fluides.

162) **Th. von Kármán,* Nachr. Ges. Gött. 1911, math.-phys. p. 509/17; id. 1912, math.-phys. p. 547/56; *Th. von Kármán* et *H. Rubach,* Physikalische Zeitschrift 13 (1911/2), p. 49/59.*

163) *Revue gén. sc. 11 (1900), p. 1328; C. R. Acad. sc. Paris 147 (1908), p. 839/42, 970/2; 156 (1913), p. 1003/5, 1225/8.*

distance des deux files et la distance mutuelle de deux tourbillons consécutifs de chaque file.*

L. Grätz[164]) et *C. Chree*[165]) ont considéré un mouvement tourbillonnaire plan dans des fluides compressibles. *C. Chree* applique ses résultats à une théorie des cyclones. En utilisant la fonction axiale de courant, *W. Wien*[166]) a développé une théorie plus générale des cyclones; l'air y est traité comme un fluide incompressible[167]).

*Ce sujet a donné naissance à de nombreuses recherches récentes, en partie expérimentales. Citons notamment les recherches de *Ch. Weyher* et *E. Belot*[168]) qui reproduisent dans toutes leurs particularités les phénomènes naturels relatifs aux tourbillons. La récente découverte de tourbillons à la surface du soleil (tourbillons électrisés des taches solaires, photographiés par *G. E. Hale,* filaments noirs découverts par *H. Deslandres* dans les couches supérieures de l'atmosphère solaire et qui semblent être des tourbillons à axe horizontal) augmente encore l'intérêt de ces travaux[169]).

D'autre part, *G. Guilbert*[169a]) a déduit de l'observation, des règles précieuses applicables à la météorologie, et qui sont actuellement officiellement adoptées dans un grand nombre de pays. Les règles de *G. Guilbert* ont reçu de *B. Bruhnes* de notables confirmations théoriques[170]) et expérimentales[171]) qui mettent hors de doute le théorème d'hydrodynamique suivant: Un courant horizontal exerce sur un tourbillon vertical dextrorsum[171a]) une force horizontale perpendiculaire

164) Z. Math. Phys. 25 (1880), p. 1/10.

165) Proc. Edinb. math. Soc. 5 (1886/7), p. 52/9; 6 (1887/8), p. 59/68; 7 (1888/9), p. 29/41; 8 (1889/90), p. 43/64.

166) Lehrbuch der Hydrodynamik, Leipzig 1900, p. 71/83.

167) *Voir à ce sujet, *J. Aitken* [Trans. R. Soc. Edinb. 40 (1903), p. 131/56] et *J. W. Sandström,* Arkiv mat. astron. och fys. (Stockholm) 7 (1911/2), mém. n° 30, p. 1/38.*

168) *J. Éc. polyt. (2) cah. 15 (1911), p. 255/71. Voir aussi *A. H. Gibson,* Mem. and proc. of the Manchester liter. and philos. Soc. 55 (1910/1), mém. n° 7, p. 1/19.*

169) *Au sujet des tourbillons *cellulaires* qui expliquent notamment la formation des cirques lunaires, voir différents travaux de *H. Bénard* [Revue gén. sc. 11 (1900), p. 1228; J. phys. théor. appl. (3) 9 (1900), p 513; (3) 10 (1901), p. 254], *P. Duhem* [C. R. Acad. sc. Paris 137 (1903), p. 237/40], *C. Dauzère* [J. phys. théor. appl. (4) 6 (1907), p. 892; (4) 7 (1908), p. 930]; *H. Deslandres* [C. R. Acad. sc. Paris 149 (1909), p. 494] et plusieurs articles de *H. Bénard, E. Belot, C. Dauzère, H. Deslandres* et *J. Escard* dans les tomes 154 (1912) à 156 (1913) des C. R. Acad. sc. Paris.*

169a) *Nouvelle méthode de prévision du temps (préface de *B. Bruhnes*), Paris 1909.*

170) **B. Bruhnes,* Archives sc. phys. naturelles Genève (5) 21 (1906), p. 40/62; Assoc. fr. avanc. sc. 35 (Lyon) 1906[2], p. 214; réimpr. dans *G. Guilbert*[169a]).*

171) *C. R. Acad. sc. Paris 144 (1907), p. 900/2.*

au courant et dirigée vers sa gauche; le sens de cette force est renversé pour un tourbillon sinistrorsum.

Une généralisation des champs plans de tourbillons a été introduite par *E. Zermelo*[172]) qui étudie le mouvement d'un fluide mobile sans frottement sur une surface et notamment sur une surface sphérique; il forme pour ces mouvements une fonction de courant qu'il détermine effectivement dans des cas généraux. Le cas où il existe un certain nombre n fini de centres tourbillonnaires sur la surface est entièrement analogue au cas de n tubes-tourbillons rectilignes parallèles.*

3d. Vibrations des tourbillons. *W. Thomson*[173]) a abordé l'étude des vibrations d'un anneau de tourbillon par le cas particulier d'un tourbillon cylindrique, qu'il supposa tantôt creux, tantôt plein de filets de tourbillon.

J. J. Thomson[141]), *W. M. Hicks*[174]) et *H. C. Pocklington*[175]) ont discuté les vibrations d'un anneau de tourbillon circulaire. Si l'anneau est creux, le rayon c de la section méridienne étant petit par rapport au rayon a de l'ouverture, les modes de vibrations sont les suivants:

1°) *Vibrations transversales (Querschwingungen; sinuous vibrations).* Les centres des sections méridiennes ont de petites oscillations; les sections elles-mêmes ne changeant pas de forme. Si le cercle d'ouverture contient n longeurs d'onde, et si n n'est pas très grand, la période de la vibration est

$$\frac{2\pi a}{n\sqrt{n^2-1}}\, w_0^{-1},$$

w_0 désignant la vitesse de translation de l'anneau. Si n croît, la période diminue plus rapidement que ne l'indique la formule. Ce résultat s'applique indifféremment aux anneaux creux ou pleins[141]).

2°) *Pulsations (Pulsationen).* Toutes les sections se dilatent simultanément ou se contractent de la même manière. La période de cette vibration est

$$\frac{m\varrho}{\Pi}\sqrt{\frac{2\pi a w_0}{m}},$$

m désignant le moment de l'anneau, Π la pression à l'infini[149]).

3°) *Vibrations cannelées (Riffelschwingungen; fluted vibrations).* Chaque section méridienne se déforme de manière à présenter n longueurs d'onde sur son contour. Que cette déformation soit ou non la

171a) *Au sens défini IV 4, **51**, en prenant pour trièdre direct ou positif celui de l'astronomie. C'est le sens des tourbillons atmosphériques naturels.*

172) *Z. Math. Phys. 47 (1902), p. 201/37.*

173) London Edinb. Dublin philos. mag. (5) 10 (1880), p. 155/68.

174) Philos. Trans. London 175 I (1884), p. 191/5; 176 II (1885), p. 759/80.

175) The complete system of the periods of a hollow vortex-ring [Philos. Trans. London 186 A II (1895), p. 603/19].

même dans les différentes sections, pourvu qu'elle varie assez lentement le long de la circonférence de l'anneau, il y a deux modes de vibrations de périodes $\frac{2\pi}{\sigma_1}$ et $\frac{2\pi}{\sigma_2}$, σ_1 et σ_2 étant les racines de l'équation[176])

$$\sigma^2 + 4\pi n\sigma \frac{\Pi}{m\varrho} + 4\pi^2 n(n-1)\frac{\Pi^2}{m^2\varrho^2} = 0.$$

4°) *Vibrations perlées (Perlschwingungen; beaded vibrations).* Les sections se dilatent et se contractent alternativement de manière que leur aire varie harmoniquement le long de l'ouverture de l'anneau. S'il y a n longueurs d'onde le long de cette ouverture, la période est $\frac{2\pi}{\sigma}$, σ étant défini par[175])

$$\sigma^2 = \left(\frac{2\Pi}{m\varrho}\right)^2 \frac{\pi^2}{\frac{2\pi a w_0}{m} + \frac{1}{2} - 2\left(1 + \frac{1}{3} + \frac{1}{5} + \cdots + \frac{1}{2n-1}\right)}.$$

5°) *Vibrations entrelacées (Torsionsschwingungen; twisted vibrations).* Elles ont d'abord le même caractère que les *vibrations cannelées*; mais la déformation varie rapidement le long de l'ouverture de l'anneau, de telle sorte qu'il y ait un grand nombre n' de longueurs d'onde le long de cette ouverture. La période $\frac{2\pi}{\sigma}$ est donnée par l'équation

$$\sigma^2 + 4\pi n\sigma \frac{\Pi}{m\varrho} + 4\pi^2 \left\{n^2 + \frac{2bn' K_n'(2bn')}{K_n(2bn')}\right\} \frac{\Pi^2}{m^2\varrho^2} = 0,$$

où $2ba$ est le rayon de la section, et où[174])

$$K_n(2bn') = \frac{1}{b^n}\int_0^{+\infty} \frac{\cos 2n'\theta}{(1+\theta^2)^{n+\frac{1}{2}}}\, d\theta.$$

Les vibrations cannelées („fluted vibrations") sont donc les seules dont la période soit indépendante de la vitesse de translation de l'anneau. Les périodes d'un anneau plein contenant un noyau de filets de tourbillon ont été étudiées par *W. M. Hicks*[150]), dans le cas de vibrations correspondant aux *pulsations* et aux *vibrations cannelées* d'un anneau creux.

*Si l'on tient compte des résultats de *J. Weingarten* [cf. n° **3** b, note 147], il y a lieu de faire des réserves sur la possibilité de tous ces mouvements vibratoires.*

3e. Action mutuelle d'anneaux quelconques infiniment minces. *J. J. Thomson*[141]) a traité le cas de deux anneaux minces, dans l'hypo-

176) Voir *H. C. Pocklington*[175]); *A. B. Basset* [Hydrodynamics[1]) 2, p. 92] a obtenu des résultats analogues, par lesquels il perfectionna les développements de *W. M. Hicks*[150]); **J. W. Strutt* (lord *Rayleigh*) [Proc. R. Soc. London 81 A (1908/9), p. 259/71)] a étudié les tourbillons dans un liquide oscillant, lorsque celui-ci est doué de viscosité.*

thèse que leur distance mutuelle est un multiple élevé du diamètre de chaque anneau. Il a déterminé les modifications subies par les rayons des anneaux, les trajectoires de leurs centres, et leurs lignes centrales. Dans une rencontre, l'anneau dont le rayon croît, gagne en énergie interne, et les deux anneaux entrent en *vibrations transversales.*

J. J. Thomson a également déterminé le mouvement d'un anneau dans le voisinage d'un obstacle sphérique[141]).

T. C. Lewis a appliqué la méthode des images au cas particulier où l'axe de l'anneau passe par le centre de la sphère.

3f. Tourbillons de section finie. La méthode de *J. J. Thomson* s'applique à des tourbillons dont la section est assez petite, par rapport à l'ouverture, pour que la forme de cette section et la répartition des vitesses à l'intérieur du tourbillon soient sans importance. La méthode de *W. M. Hicks* indiquée plus haut [n° **3**b] donne pour certains problèmes des corrections ayant le caractère d'une deuxième approximation. Si le volume occupé par le liquide en mouvement tourbillonnaire n'a aucune de ses dimensions petite, les problèmes se compliquent beaucoup; leur étude a été, dans ce cas, poursuivie par *J. Weingarten* [n° **3**b].

On s'est attaché spécialement à la détermination de mouvements permanents, et à la recherche des surfaces de séparation entre le liquide en mouvement irrotationnel et le liquide en mouvement tourbillonnaire. Le long de ces surfaces les composantes normales et tangentielles des vitesses sont continues ainsi que les pressions. La condition de continuité de la pression est remplie identiquement, si les composantes des vitesses vérifient les conditions indiquées[177]).

Dans un mouvement à deux dimensions, le vecteur tourbillon ζ est lié à la fonction de courant ψ par l'équation

$$-2\zeta = \frac{\partial^2 \psi}{\partial x^2} + \frac{\partial^2 \psi}{\partial y^2}.$$

La condition de constance du moment du tourbillon se traduit par l'équation

$$\frac{\delta \zeta}{\delta t} = 0.$$

Si le mouvement est permanent, on a alors[144])

$$\frac{\partial^2 \psi}{\partial x^2} + \frac{\partial^2 \psi}{\partial y^2} = f(\psi). \tag{1}$$

G. Kirchhoff[178]) a montré qu'un tourbillon dans lequel ζ a partout la

177) *R. Hargreaves,* Proc. London math. Soc. (1) 27 (1895/6) p. 279/327.

178) Mechanik[8]), (3e éd.) p. 261. *A. E. H. Love* [Quart. J. pure appl math. 27 (1895), p. 89/92] appliqua les résultats aux cas où la densité est différente à

même valeur peut être limité par une ellipse de demi-axes a, b qui tourne autour de son centre avec la vitesse angulaire

$$\frac{2\zeta ab}{(a+b)^2}$$

en grandeur et en signe.

M. J. M. Hill[179]) trouva un état de mouvement permanent correspondant au tourbillon elliptique de *G. Kirchhoff*, mais en supposant le liquide limité extérieurement à une ellipse homofocale à celle qui limite le tourbillon.

Ces tourbillons elliptiques de *G. Kirchhoff* et de *M. J. M. Hill* sont stables, si l'excentricité n'est pas trop grande[180]). La solution du problème relatif au mouvement irrotationnel dans un cylindre ou un prisme animé d'un mouvement de rotation détermine en même temps le mouvement tourbillonnaire avec répartition uniforme du vecteur tourbillon dans le cylindre supposé au repos[181]). On a trouvé à l'aide des fonctions de Bessel, en remplaçant $f(\psi)$ par $\varkappa^2\psi$ dans l'équation (1), des solutions de problèmes se rapportant au mouvement d'un tourbillon à limite circulaire[182]).

Dans un mouvement permanent à trois dimensions il existe une famille de surfaces sur lesquelles on peut tracer une infinité de lignes de courant et une infinité de lignes de tourbillon. Le produit

$$q\omega \sin \beta \cdot d\nu$$

est constant dans toute l'étendue de chaque surface[183]), ω étant la longueur du vecteur tourbillon, β l'angle qu'il fait avec la vitesse q, $d\nu$ la distance au point considéré de la surface considérée et

---

l'intérieur et à l'extérieur du tourbillon et où la vitesse tangentielle subit une discontinuité le long de la surface de séparation; *S. A. Čaplygin*, Izvěstija Obščestva lĭubitelej estestvoznanija 96 I, Trudy Otdělenija fizičeskich nauk 10 (1899), p. 13/22, 35/40] a traité le cas où un mouvement tourbillonnaire donné a lieu à l'extérieur du cylindre avec une valeur uniforme du vecteur tourbillon, les valeurs étant différentes à l'extérieur et à l'intérieur.

179) Philos. Trans. London 175 II (1884), p. 387.

180) *A. E. H. Love*, Proc. London math. Soc. (1) 25 (1893/4), p. 18.

181) *A. G. Greenhill*, Encyclopaedia britannica (11e éd.) 14, Cambridge 1910; cf. *G. G. Stokes*[78]) et *F. D. Thomson*, Oxford Cambr. Dublin Messenger math. (1) 3 (1866), p. 238/46.

182) *H. Lamb*, Hydrodynamics[1]), p. 264. *Voir également, au sujet de certains mouvements plans tourbillonnaires particuliers: *H. F. Moulton*, Proc. London math. Soc. (2) 2 (1905), p. 104; *A. Viterbi*, Atti Ist. Veneto (8) 4 (1901/2), p. 449/64; (8) 5 (1902/3), p. 175/6; *A. G. Greenhill*[54]).*

183) *H. Lamb*, Proc. London math. Soc. (1) 9 (1877/8), p. 91/2.

d'une surface infiniment voisine de la famille. L'équation générale de ces surfaces est

$$V - \int \frac{dp}{\varrho} - \frac{1}{2} q^2 = \text{const.}$$

*U. Cisotti[184]) a étudié si une surface de tourbillons fermée pouvait se déplacer rigidement dans un liquide à trois dimensions, dont le mouvement, extérieurement à cette surface, serait irrotationnel, le liquide étant soumis à des forces douées de potentiel. La question revient à la détermination d'un potentiel des vitesses, à l'intérieur et à l'extérieur de là surface considérée, par des conditions aux limites bien connues pour le mouvement d'un corps solide [n° 2a] dans un liquide.

Par exemple, pour une surface sphérique de centre O se déplaçant dans une translation uniforme de vitesse $(0, 0, w_0)$, les lignes de tourbillon sur la sphère sont les parallèles d'axe Oz, et la grandeur du tourbillon est

$$\tfrac{3}{4} w_0 \sin \theta,$$

en désignant par θ la colatitude.*

W. J. M. Rankine[185]) a donné la formule qui détermine la surface d'un tourbillon creux vertical dans un liquide incompressible se mouvant sous l'action de la pesanteur; elle s'écrit

$$z\,\varpi^2 = \text{const.},$$

ϖ désignant la distance à l'axe vertical du tourbillon. Le mouvement a lieu dans des plans horizontaux $z = \text{const.}$

M. J. M. Hill[186]) a montré qu'une sphère de rayon a peut être limite d'une région tourbillonnaire; le mouvement est alors donné par une fonction axiale de courant, qui, à l'intérieur et à l'extérieur de cette région tourbillonnaire a respectivement les valeurs

(2) $$\frac{w_0}{4a^2}\varpi^2(3\varpi^2 + 3z^2 - 5a^2) \quad \text{et} \quad -\frac{a^3 w_0 \varpi^2}{2(z^2+\varpi^2)^{\frac{3}{2}}}.$$

D'autres modes de mouvement d'un domaine tourbillonnaire sphérique ont été discutés par *W. M. Hicks*[187]). Le mouvement dans les plans méridiens est composé avec un mouvement perpendiculaire à ces plans.

---

184) *C. R. Acad. sc. Paris 156 (1913), p. 539/41.*

185) *H. Lamb* [Hydrodynamics[1]), p. 30] attribue le résultat à *W. J. M. Rankine.*

186) Philos. Trans. London 185 A (1894), p. 213/45; il y est établi qu'une solution correspondante pour un sphéroïde n'existe pas; cf *R. Hargreaves*, Proc. London math. Soc. (1) 27 (1895/6), p. 299.

187) Papers printed to commemorate the incorporation of the University College of Sheffield 1897; Philos. Trans. London 192 A (1899), p. 33/99 [1898].

Quelques types de mouvement tourbillonnaire, dans lesquels les lignes de courant coïncident avec les lignes de tourbillon, et dans lesquels les trajectoires des éléments fluides sont des hélices, ont été étudiés par *E. Beltrami*[188]) et *G. Morera*[189]).

W. Voigt[127]) a discuté un exemple de mouvement tourbillonnaire à l'intérieur d'un ellipsoïde fixe. Les vitesses sont des fonctions linéaires des coordonnées, le vecteur tourbillon est donné par des fonctions elliptiques du temps[190]).

Des mouvements tourbillonnaires, c'est-à-dire pour lesquels le *curl* (u, v, w) n'est pas nul, mais pour lesquels le $curl^n$ (u, v, w) s'annule pour une valeur finie de n, ont été examinés par *A. Rowland*[191]) et *Cornelia Fabri*[192]). Ce dernier a étendu ces recherches aux fluides compressibles et aux fluides visqueux.

V. Steklov*[193]), par l'application de ses méthodes signalées dans le n° **3a, a donné à ces recherches une beaucoup plus grande généralité, en résolvant complètement différents problèmes: il trouve tous les mouvements d'un liquide dans un vase donné (animé d'un mouvement connu) et pour lesquels les lignes de tourbillon sont des droites; il détermine d'une manière générale les mouvements d'un liquide, où les lignes de courant se confondent avec les lignes de tourbillon; il recherche également tous les mouvements possibles d'un cylindre de révolution contenant un liquide pour lequel les lignes de tourbillon soient les circonférences ayant pour axe l'axe du cylindre. Le cylindre doit être aminé d'un mouvement hélicoïdal suivant cet axe. La solution explicitée fait apparaître les fonctions de Bessel dans un cas particulier.*

4. Ellipsoïdes liquides soumis à leur propre gravité.

4a. Théorie générale. Le mouvement d'une masse liquide homogène dont les particules s'attirent suivant la loi de Newton, et dont la surface primitivement ellipsoïde conserve dans la suite le même caractère ellipsoïde, est l'un des problèmes d'hydrodynamique, comportant un mouvement tourbillonnaire dans un espace limité, qui ont été le plus étudiés. Il a déjà été question [IV 17, 4] des travaux de *C. Maclaurin* et de *C. G. J. Jacobi.*

188) Il nuovo cimento [Pise] (3) 25 (1889), p. 212.

189) Atti R. Accad. Lincei, *Rendic.* (4) 5 I (1889), p. 611/7.

190) *Voir sur le même sujet *O. Tedone*[81]).*

191) Amer. J. math. 3 (1880), p. 226/68.

192) Il nuovo cimento [Pise] (3) 31 (1892), p. 35/45, 221/7; (3) 36 (1894), p. 87/91; (4) 1 (1895), p. 281/91; Memorie Ist. Bologna (5) 4 (1893/4), p. 383/92; Ann. Scuola Norm. sup. Pisa 7 (1895), mém. n° 4, p. 1/35.

193) *Voir note 139.*

G. Lejeune Dirichlet[194]) a étudié le problème, en partant de l'hypothèse que les coordonnées des particules sont des expressions linéaires de leurs valeurs initiales. Il obtint des équations déterminant les coefficients de ces expressions en fonction du temps. En supposant la surface libre définie par l'équation

$$\frac{x^2}{a^2}+\frac{y^2}{b^2}+\frac{z^2}{c^2}=1,$$

la pression p est donnée par la formule

$$p=\sigma\left(1-\frac{x^2}{a^2}-\frac{y^2}{b^2}-\frac{z^2}{c^2}\right),$$

σ étant une fonction du temps.

F. Brioschi[195]) a montré comment on peut ramener les équations différentielles du mouvement à la forme canonique des équations du mouvement d'un système matériel à 8 paramètres.

B. Riemann[196]) utilisant les équations de Lagrange de l'hydrodynamique rapportées à des axes mobiles, trouva un système de dix équations entre les longueurs des axes de l'ellipsoïde à un instant quelconque, les composantes suivant ces axes de la vitesse de rotation, celles du vecteur-tourbillon, supposé indépendant de $x\ y\ z$, et le coefficient σ introduit ci-dessus.

A. G. Greenhill[197]) et *A. B. Basset*[198]), utilisant les équations d'Euler rapportées à des axes mobiles, formèrent les expressions des composantes des vitesses en combinant:

1°) un mouvement avec répartition uniforme du vecteur-tourbillon,

2°) un mouvement irrotationnel en relation avec la rotation de la surface limite,

3°) un mouvement irrotationnel en relation avec la déformation de la surface.

Ils aboutirent aux mêmes équations que *B. Riemann*. Ces équations admettent trois intégrales qui expriment la constance de l'énergie, du moment de la quantité de mouvement, et du moment de l'en-

---

194) Abh. Ges. Gött. 8 (1858/9), éd. 1860, math. mém. n° 1; J. reine angew. Math. 58 (1861), p. 181/216; Werke 2, Berlin 1897, p. 263/301. *R. Dedekind* [J. reine angew. Math. 58 (1861), p. 217/28] fit connaître le mémoire et fit quelques applications.

195) J. reine angew. Math. 59 (1861), p. 63/73 [1860]. Voir aussi *A. E. H. Love*, London Edinb. Dublin philos. mag. (5) 25 (1888), p. 40/5.

196) Abh. Ges. Gött. 9 (1860), éd. 1861, math. p. 3/36; Werke, publ. par *H. Weber*, (2e éd.) Leipzig 1892, p. 182/211.

197) Proc. Cambr. philos. Soc. 3 (1876/80), éd. 1880, p. 233; 4 (1880/3), éd. 1883, p. 4; *A. G. Greenhill* ne considère que des mouvements permanents.

198) Proc. London math. Soc. (1) 17 (1885/6), p. 239, 255/62; Hydrodynamics[1]) 2, p. 95/101.

semble des filets de tourbillon[200]). Si la surface est un sphéroïde[199]) ou un cylindre elliptique[201]) on obtient par cette méthode toutes les intégrales premières, et l'étude du mouvement est ramenée à un problème de quadratures.

M. J. M. Hill[202]) a déterminé dans le cas général les équations des surfaces qui restent constamment formées des mêmes particules. Il exprima également les composantes de la vitesse au moyen des formules (7) de l'article IV 17, 7. Dans le cas du mouvement permanent d'un ellipsoïde liquide, les longueurs des axes, leur vitesse de rotation, et la répartition du vecteur tourbillon dans l'intérieur du liquide restent invariables.

B. Riemann[203]) a montré que, dans le mouvement permanent, le vecteur représentant la rotation des axes et le vecteur-tourbillon sont portés par la même droite. Dans certains cas cette droite est l'un des axes de l'ellipsoïde (ce n'est jamais le plus grand), dans d'autres elle est dans un plan principal[204]). Dans les mouvements du premier genre rentrent les mouvements, découverts par *C. Maclaurin* et *C. G. J. Jacobi*, d'un ellipsoïde liquide tournant à la manière d'un solide. L'„ellipsoïde de Dedekind" correspond aussi à une forme de mouvement rentrant dans ce premier genre: c'est le cas d'un liquide limité par une surface ayant la forme d'un ellipsoïde de Jacobi et fixe dans l'espace[205]), la répartition du vecteur tourbillon à l'intérieur étant uniforme parallèlement au plus petit axe.

B. Riemann[206]) a discuté la stabilité des divers modes de mouve

199) *G. Lejeune Dirichlet*[194]) a donné la solution relative à ce cas. Voir aussi *A. B. Basset*, Hydrodynamics[1]) 2, p. 102. Pour le cas du mouvement irrotationnel, voir *W. M. Hicks*, Proc. Cambr. philos. Soc. 5 (1883/6), éd. 1886, p. 309/12.

200) *B. Riemann*, *Abh. Ges. Gött. 9 (1860), éd. 1861, math. p. 11; Werke, (2e éd.) publ. par *H. Weber*, Leipzig 1892, p. 189.*

201) *R. Lipschitz*, J. reine angew. Math. 78 (1874), p. 245. Voir aussi *A. E. H. Love*, Quart. J. pure appl. math. 23 (1889), p. 153. *Voir aussi *F. Insolera*, Rend. Circ. mat. Palermo 18 (1904), p. 16/44; *J. H. Jeans*, Proc. R. Soc. London 70 (1902), p. 46/8; Philos. Trans. London 200 A (1903), p. 67/104.*

202) Proc. London math. Soc. (1) 23 (1891/2), p. 88/95.

203) *Abh. Ges. Gött. 9 (1860), éd. 1861, math. p. 25; Werke, (2e éd.) publ. par *H. Weber*, Leipzig 1892, p. 201.*

204) *B. Riemann* a donné toutes ces formes; *A. G. Greenhill* [Proc. Cambr. philos. Soc. 3 (1876/80), éd. 1880, p. 233; 4 (1880/3), éd. 1883, p. 4 et p. 208] les a discutées ultérieurement. *E. Padova* [Ann. Scuola Norm. sup. Pisa 1 (1871), p. 1/87] a traité les formes de mouvement permanent et quelques formes de mouvement périodique.

205) Découvert par *R. Dedekind*[194]). Voir aussi *A. E. H. Love*[195]).

206) *Abh. Ges. Gött. 9 (1860), éd. 1861, math. p. 26/36; Werke, (2e éd.) publ. par *H. Weber*, Leipzig 1892, p. 202/11.*

ment permanent, il établit que les figures de Jacobi et de Dedekind sont stables, mais la figure de Maclaurin n'est stable que si le rapport du plus petit au plus grand axe du sphéroïde dépasse 0,303327...

Ces résultats concernant la stabilité ne sont établis qu'en supposant que la surface libre reste un ellipsoïde.

*En reprenant ces questions avec des méthodes nouvelles, *V. Steklov*[207]) résout le problème de la détermination de tous les cas possibles pour le mouvement d'un ellipsoïde fluide lorsqu'il conserve constamment la forme d'un ellipsoïde de révolution. Il trouve, contrairement à l'assertion de *B. Riemann*, deux nouveaux cas où le mouvement se réduit à la rotation de l'ellipsoïde autour de son centre, comme s'il s'agissait d'un corps solide, mais cette rotation n'est pas uniforme, l'axe instantané de rotation n'est pas, en général, dans un des plans principaux de l'ellipsoïde, et le mouvement relatif n'est pas permanent.

V. Steklov résout également les questions suivantes: Trouver tous les cas possibles où le mouvement d'entraînement du liquide se réduit à la rotation de l'ellipsoïde autour d'un axe principal, comme s'il était solide; trouver tous les mouvements possibles où l'ellipsoïde ne change pas la direction de ses axes (inégaux) pendant le mouvement.

Pour le premier problème, les seules solutions sont celles, signalées plus haut, trouvées par *B. Riemann* et *G. Lejeune Dirichlet*; pour le second, les seuls cas possibles sont ceux de *G. Kirchhoff*[208]) et *G. Lejeune Dirichlet*[194]).

T. Boggio[209]) a simplifié et complété les résultats de *V. Steklov*, en mettant en évidence les avantages du calcul vectoriel dans ces sortes de recherches.*

4b. Étude particulière des figures d'équilibre relatif. Stabilité.* *Le sphéroïde de *C. Maclaurin* et l'ellipsoïde de *C. G. J. Jacobi* furent longtemps les seules figures connues d'équilibre relatif d'une masse liquide animée d'un mouvement de rotation.* *L. Matthiessen*[210]) et un peu plus tard *W. Thomson* et *P. G. Tait*[211]) indiquèrent l'existence de figures annulaires, *mais sans démonstration suffisante.*

---

207) *C. R. Acad. sc. Paris 141 (1905), p. 999/1001, 1215/7; 142 (1906), p. 77/9; Ann. Éc. Norm. (3) 25 (1908), p. 469/528; (3) 26 (1909), p. 275/336.*

208) Mechanik[8]), (3e éd.) p. 366.

209) *Atti R. Accad. Lincei, *Rendic.* (5) 21 II (1912), p. 263/70.*

210) Ann. mat. pura appl. (2) 3 (1869/70), p. 84/111; Z. Math. Phys. 10 (1865), p. 59/73; 16 (1871), p. 290/3; 28 (1883), p. 31/45. Dans ces deux derniers mémoires, *L. Matthiessen* considère l'action d'une compression uniforme du fluide dans le cas d'une figure d'équilibre ellipsoïde ou cylindrique. Mais cette question a été traitée plus complètement par *H. Poincaré*[215]); cf. *H. Poincaré*[212]).*

211) Natural philos.[5]) (2e éd.) 1², p. 329 et suiv. Voir au sujet de ces figures annulaires, *A. B. Basset*, Amer. J. math. 11 (1889), p. 172/81.

L. Matthiessen supposait a priori que la section de l'anneau différait peu d'une ellipse. *H. Poincaré*[212]) montra que cette hypothèse n'est légitime que si la section de l'anneau est très petite et établit rigoureusement l'existence de ces figures. Il en fit une étude approfondie et montra, en employant une méthode indiquée par *Sonia Kovalewski*[213]), comment on peut en déterminer les principaux éléments avec une approximation indéfinie; les figures sont d'ailleurs instables[214]).*

Dans un autre mémoire *H. Poincaré*[215]) montra que les diverses figures d'équilibre forment des séries linéaires. Ainsi d'après les équations qui lient les axes des ellipsoïdes[216]) de Jacobi, $\frac{a}{b}$ et $\frac{a}{c}$ dépendent d'un paramètre variable

$$\frac{\omega^2}{4\pi G\varrho},$$

les notations étant celles de l'article IV 17, n° 4. Les sphéroïdes de Maclaurin forment une série de ce genre, dans laquelle $\frac{a}{b} = 1$. Ces deux séries ont en commun un sphéroïde pour lequel la quantité

$$f = \sqrt{\frac{a^2}{c^2} - 1}$$

vérifie l'équation[217])

$$(3 + 14f^2 + 3f^4)\,\mathrm{arc\,tg}\, f = f(3 + 13f^2), \tag{1}$$

dont la racine est

$$f = 1{,}39457\ldots.$$

Pour les ellipsoïdes de Jacobi, on pose généralement

$$a > b > c;$$

la valeur de $\frac{a}{c}$ donnée par l'équation (1) est la plus petite qui soit

212) C. R. Acad. sc. Paris 102 (1886), p. 970. *Voir aussi C. R. Acad. sc. Paris 101 (1885), p. 346.*

213) *Astron. Nachr. (Kiel) 111 (1885), col. 37.*

214) *Bull. astron. 2 (1885), p. 109/18, 405/13.*

215) Acta math. 7 (1885/6), p. 259/380. Pour un système matériel présentant quatre degrés de liberté, il peut exister une famille de figures d'équilibre dans laquelle les coordonnées des éléments matériels dépendent d'un seul paramètre. Chaque figure d'équilibre peut alors se représenter par un point d'une courbe dans un espace à quatre dimensions; ce sont ces courbes que *H. Poincaré* appelle „séries linéaires".

216) *Au sujet de ces ellipsoïdes, voir aussi *F. Tisserand*, Traité de mécanique céleste 2, Paris 1891, p. 97/109; *A. G. Greenhill*, A treatise on hydrostatics, Londres 1894; *G. Kirchhoff*, Mechanik[8]), (3° éd.) p. 125, 137.*

217) Voir *W. Thomson* et *P. G. Tait*, Natural philos.[5]), (2° éd.) 1², p. 333.

acceptable pour un de ces ellipsoïdes; si $\frac{a}{b}$ croît à partir de 1, f et par suite $\frac{a}{c}$ croissent également.

W. Thomson et *P. G. Tait*[211]) ont montré que les sphéroïdes de Maclaurin sont stables ou instables selon que f est inférieur ou supérieur à la racine de l'équation (1).

D'après *B. Riemann*, l'instabilité se produit pour

$$f > 3{,}14156\ldots\ldots$$

H. Poincaré[216]) a discuté la stabilité des ellipsoïdes de Jacobi par deux méthodes, en considérant la question soit comme un problème de stabilité statique, soit comme un problème d'ondes.

Dans la première méthode il introduisit la notion d'équilibre de bifurcation: Lorsque les figures d'équilibre d'un système matériel dépendent d'un paramètre variable, il peut y avoir plusieurs séries linéaires de ces figures. Si une même figure appartient à la fois à deux séries différentes c'est une *figure de bifurcation.* Cette figure correspond en général à un échange des stabilités, c'est-à-dire que si en suivant l'une des séries on ne rencontre jusqu'à la figure de bifurcation que des figures stables, on n'y trouvera plus ensuite que des figures instables. Il faudrait continuer sur l'autre série pour trouver des figures stables.

Dans le cas particulier des ellipsoïdes de Maclaurin et de Jacobi, la proposition de Thomson et Tait se trouve vérifiée; on voit de plus que l'ellipsoïde de Jacobi est stable si $\frac{a}{c}$ dépasse un peu la valeur qui correspond à l'équation (1).

Pour la recherche des figures de bifurcation dans la série des ellipsoïdes de Jacobi, *H. Poincaré* utilisa les fonctions de Lamé et montra que les déformations des surfaces ellipsoïdes, qui correspondent aux fonctions de Lamé des divers ordres, donnent un ensemble discret de figures de bifurcation pour lesquelles les valeurs de $\frac{a}{c}$ augmentent avec l'ordre des fonctions de Lamé.

Un ellipsoïde de Jacobi cesse d'être stable si $\frac{a}{c}$ dépasse la valeur qui correspond à une déformation du troisième ordre. On en conclut qu'il existe une série linéaire de figures d'équilibre stables dont les premières diffèrent très peu d'ellipsoïdes, mais dont les suivantes présentent la forme d'une poire ou d'un haltère. La figure en forme d'haltère a été traitée en détail par *G. H. Darwin*[218]).

218) Philos. Trans. London 178 A (1887), p. 379/428.

H. Poincaré insista aussi sur la différence entre les stabilités „séculaire" et „ordinaire"[219]. La stabilité est séculaire si le mouvement est stable en tenant compte de la viscosité, elle est ordinaire si le mouvement est stable en supposant un fluide parfait. La condition de Maclaurin

$$f < 3{,}14156\ldots$$

apparaît comme une condition de stabilité ordinaire.

H. Poincaré[215]) étudia d'autre part les ondes qui se produisent sur un ellipsoïde de Jacobi, lorsque l'équilibre relatif est légèrement troublé. Il démontra que, dans le cas d'un fluide tournant à la manière d'un corps solide, le mouvement troublé peut être complètement déterminé à l'aide d'une fonction qui est harmonique à l'intérieur d'une surface provenant de la surface libre par une déformation homogène, et qui vérifie sur cette surface une condition déterminée.

Cette méthode a été appliquée depuis à de nombreuses questions[220]). En particulier *G. H. Bryan*[221]) et *G. H. Darwin*[222]) l'utilisèrent à l'étude directe de la stabilité du sphéroïde de Maclaurin, *G. H. Bryan* démontra que si la condition de Riemann est remplie, le sphéroïde possède une stabilité ordinaire, même si l'on considère comme formes voisines des formes autres que des ellipsoïdes[223]), et détermina tous les modes et toutes les périodes d'oscillation du système.

G. H. Bryan[224]) illustra la différence entre les stabilités séculaire et ordinaire par une discussion des ondes sur un cylindre de fluide visqueux animé d'un mouvement de rotation. La détermination de la plus longue période d'oscillation du sphéroïde de Maclaurin conduit

---

219) Cf. *W. Thomson* et *P. G. Tait*, Natural philos.[5]), (4e éd.) 1[2], Cambridge 1903, p. 330.

220) *A. E. H. Love* [Quart. J. pure appl. math. 23 (1889), p. 148] traita le cas où la surface libre est un cylindre elliptique et [Proc. London math. Soc. (1) 19 (1887/8), p. 170/207] le cas où le fluide est enfermé dans une sphère creuse élastique; *S. S. Hough* [Philos. Trans. London 186 A (1895), p. 469/506] traita le cas d'une écorce en forme d'ellipsoïde remplie de fluide et [Philos. Trans. London 189 A (1897), p. 201/58] le cas d'un océan de faible profondeur enveloppant un noyau sphérique fixe. *Sur l'équilibre d'un ellipsoïde de révolution élastique, voir *A. Viterbi*, Atti R. Accad. Lincei, *Rendic.* (5) 12 I (1903), p. 249/57, 300/3.*

221) Philos. Trans. London 180 A (1889), p. 187/219 [1888]; Proc. R. Soc. London 47 (1889/90), p. 367/76.

222) *Trans. Amer. math. Soc. 4 (1903), p. 113/33.*

223) *Au sujet des formes voisines de l'ellipsoïde, et de leur possibilité, voir *A. Liapunov*[230]).*

224) Proc. Cambr. philos. Soc. 6 (1886/9), éd. 1889, p. 248.

entre autres à confirmer la théorie de *G. H. Darwin* de la formation du monde[225].

G. H. Darwin[226]) reprit sous une autre forme les recherches de *H. Poincaré*[215]) et, utilisant ses propres recherches sur l'analyse harmonique ellipsoïdale[227]) développa les propriétés des coefficients de stabilité de *H. Poincaré*, propriétés à l'aide lesquelles il approfondit l'étude de l'ellipsoïde de Jacobi et celle de la figure d'équilibre piriforme.

H. Poincaré[228]) rechercha les conditions de stabilité de cette dernière figure, et donne ces conditions sous une forme qu'il ne traduit pas en chiffres. D'après les travaux ultérieurs de *G. H. Darwin*[229]) cette forme en poire serait stable. *A. Liapunov*[230]) arrive à un résultat opposé. *L. Benès*[231]) montre que pour arriver à une conclusion décisive, il faut effectuer un calcul considérable, qu'il aborde. Si la marche qui se manifeste dans les calculs déjà faits persistait dans les calculs encore nécessaires, il faudrait conclure à l'instabilité.

Les principes même sur lesquels repose l'étude de la stabilité d'un système animé d'un mouvement de rotation, ont été discutés et étudiés minutieusement par *P. Duhem*[232]), qui légitime le critère de *H. Poincaré* par une nouvelle méthode. *A. Liapunov*[230]) étudie aussi les questions de stabilité en généralisant le principe de Lagrange, d'après lequel l'étude de la stabilité se ramène à la recherche du minimé d'un potentiel; il précise les conditions d'équilibre des ellipsoïdes de révolution et des ellipsoïdes de Jacobi, et étudie l'existence de formes voisines des ellipsoïdes.*

*Signalons ici, comme se rattachant aux questions traitées dans ce paragraphe, un travail de *U. Crudeli*[233]) qui détermine une nouvelle

225) *A. E. H. Love*, London Edinb. Dublin philos. mag. (5) 25 (1888), p. 40/5.

226) *Philos. Trans. London 198 A (1902), p. 301/31.*

227) *Id. 197 A (1901), p. 461/559.*

228) *Id. 198 A (1902), p. 333/73.*

229) *Id. 200 A (1903), p. 251/314; 208 A (1908), p. 1/20.*

230) *Ann. Fac. sc. Toulouse (2) 6 (1904), p. 5/116; Mém. Acad. Pétersb. (8) 17 (1905), mém. n° 3: „Sur les figures d'équilibre peu différentes des ellipsoïdes, d'une masse liquide homogène douée d'un mouvement de rotation", ouvrage publié par l'Acad. des sc. de St Pétersbourg, 1er partie (1906), 2e partie (1909); Ann. Éc. Norm. (3) 26 (1909), p. 473/83.*

231) *Astron. Nachr. (Kiel) 186 (1910), col. 305/8.*

232) *C. R. Acad. sc. Paris 132 (1901), p. 1021; 134 (1902), p. 23; 135 (1902), p. 939, 1088, 1290; J. math. pures appl. (5) 7 (1901), p. 331/50; (5) 8 (1902), p. 5/18; 215/27; (5) 9 (1903), p. 233/328.*

233) *Atti R. Accad. Lincei, *Rendic.* (5) 19 I (1910), p. 666/8; id. II (1910), p. 41/3.*

limite supérieure de la vitesse angulaire d'un fluide homogène en rotation uniforme, limité par une figure d'équilibre.*

T. Levi-Civita[234]) et *A. Viterbi*[235]) ont étudié la gravitation d'un tube ayant l'aspect d'un tore, et appliqué cette étude à la forme de l'anneau de Saturne.

Des équations fonctionnelles pour l'équilibre d'une masse liquide homogène en rotation sous l'action newtonienne, ont été introduites par *P. Appell*[236]).

L'équilibre d'une masse fluide hétérogène animée d'une rotation uniforme a fait l'objet d'études intéressant la mécanique céleste. La possibilité des „stratifications" est des plus importantes: y a-t-il des figures d'équilibre pour lesquelles le fluide serait stratifié par couches homogènes concentriques, séparées les unes des autres par des surfaces ellipsoïdales homothétiques?

Cette question, tranchée négativement par *M. Hamy* et *H. Poincaré*[237]) pour un nombre fini de couches, a été reprise par *V. Volterra*[238]) pour le cas d'une suite infinie d'ellipsoïdes homothétiques, la densité étant assujettie seulement à être une fonction finie et intégrable du paramètre dont dépend la famille d'ellipsoïdes.

V. Volterra arrive à la même conclusion négative: de telles configurations ne conviennent pas à l'équilibre relatif dans le mouvement de rotation.

P. Pizzetti[239]) et *G. Lauricella*[240]) étudient la distribution possible des masses à l'intérieur des planètes. Ce dernier résout les deux problèmes suivants, par l'étude de certaines équations intégrales: quelle contribution donnent, pour la détermination de la distribution des masses, la connaissance du mouvement de la planète autour de son centre de gravité, ou la connaissance de l'action exercée à l'extérieur par la planète?*

5. Mouvements ondulatoires des fluides incompressibles[241]).

5a. Nature du mouvement ondulatoire d'un liquide pesant. Une masse de fluide incompressible pesant au repos est un système

234) *Atti Ist. Veneto (8) 11 (1908/9), p. 557/83; Rend. Circ. mat. Palermo 33 (1912), p. 354/74.*

235) *Atti Ist. Veneto (8) 12 (1909/10), p. 1129/49; id. (8) 13 (1910/1), p. 1311/33.*

236) *Rend. Circ. mat. Palermo 30 (1910), p. 82; C. R. Acad. sc. Paris 156 (1913), p. 587/9.*

237) **M. Hamy*, J. math. pures appl. (4) 6 (1890), p. 69/143; *F. Tisserand*, Mécanique céleste [216]) 2, p. 192.*

238) *Acta math. 27 (1903), p. 105/24.*

239) *Ann. mat. pura appl. (2) 17 (1889/90), p. 238.*

240) *Atti R. Accad. Lincei *Rendic.* (5) 21 I (1912), p. 18/26.*

matériel en équilibre stable; si l'équilibre est légèrement troublé, le fluide exécute de petites oscillations; s'il ne se produit aucune dissipation d'énergie, le mouvement peut être considéré comme formé par la superposition de petites oscillations du type harmonique. Les périodes de ces oscillations principales sont déterminées par les conditions aux limites. Si la surface libre s'étend indéfiniment, de petites oscillations de période arbitraire sont possibles.

Le mouvement peut, dans ce cas encore, être décomposé en mouvements partiels du type harmonique; mais il est plus commode de considérer directement la propagation des vagues sur la surface libre depuis l'endroit où s'est produite la perturbation.

Ce changement de point de vue provient de ce qu'un mouvement simple du type harmonique ne peut se produire que si la perturbation est convenablement répartie sur la surface libre. Si cette surface est limitée, il est évident que le mouvement élémentaire, qui suit immédiatement la perturbation, est à peu près indépendant des conditions aux limites; il est par suite semblable à celui qui se produirait avec une surface illimitée. Si le liquide couvre une grande surface (par exemple dans le cas d'un océan ou d'un long canal), l'intérêt capital réside dans la propagation des ondes d'un lieu à un autre. Si au contraire le liquide est enfermé dans un bassin de dimensions finies, les oscillations harmoniques et leurs périodes prennent plus d'intérêt. Ces deux modes de mouvement peuvent être appelés *ondes progressives* et *ondes stationnaires*.

Dans la suite nous considérerons en première approximation les déformations de la surface libre comme petites. Au contraire si l'on

---

241) La théorie du mouvement ondulatoire dans les fluides s'appuie sur l'observation et l'expérience, beaucoup plus que la plupart des autres théories de l'hydrodynamique. Pour ce qui est des premières recherches (tant théoriques qu'expérimentales) voir **A. L. Cauchy,* Théorie de la propagation des ondes à la surface d'un fluide pesant d'une profondeur indéfinie (Prix de l'Acad. des sc. en 1815) [Mém. présentés Acad. sc. Institut France (2) 1 (1827), p. 3/312; Œuvres (1) 1, Paris 1882, p. 5/318];* *E. H. (anonyme)* et *W. Weber*, Wellenlehre auf Experimente gegründet, Leipzig 1825. Les recherches expérimentales de *J. Scott Russell* [Report Brit. Assoc. 14, York 1844, éd. Londres 1845, p. 311/90] ont donné lieu à de nombreux mémoires théoriques. *O. Riess* [Repertorium der Physik (de *F. Exner*) 26 (1890), p. 102/35] a donné (p. 133/5) une bibliographie étendue. *Un historique succinct des recherches sur les ondes se trouve dans *A. J. C. Barré de Saint Venant*, Ann. Ponts et Chaussées (6) 15 (1888) premier semestre, p. 705/809.* La théorie des ondes du type permanent a été reliée aux théories dynamiques générales par *H. von Helmholtz*, Sitzgsb. Akad. Berlin 1890, p. 853/72; Ann. Phys. und Chemie, Dritte Folge 41 (1890), p. 641/72; Wiss. Abh. 3, Leipzig 1895, p. 383. Voir aussi *H. Lamb*, Hydrodynamics[1]), p. 421.

voulait trouver la forme exacte d'ondes finies et déterminer complètement le mouvement, il faudrait ou employer une méthode d'approximations successives, ou trouver une solution vérifiant rigoureusement toutes les équations et conditions. Si l'on s'occupe spécialement de la forme de la surface libre, on peut naturellement rapprocher les mouvements ondulatoires d'amplitude finie des modes de mouvement avec surface libre qui ont été considérés dans le numéro **1** f.

5b. **Ondes longues.** Dans les débuts on s'intéressa tout spécialement à une méthode particulière d'approximation applicable aux „ondes longues" si la distance de deux crêtes consécutives est grande par rapport à la profondeur du liquide. Dans ce cas l'inertie du mouvement vertical est petite par rapport à celle du mouvement horizontal, et l'on peut admettre que la pression en un point est à chaque instant égale à la pression hydrostatique qui serait due à la profondeur à laquelle se trouve le point au-dessous de la surface libre troublée. En d'autres termes l'énergie cinétique peut être calculée au moyen des vitesses horizontales, l'énergie potentielle au moyen des déplacements verticaux.

Si un mouvement de ce genre a lieu dans un canal à parois verticales parallèles, les particules, qui appartiennent à une même section transversale, se meuvent de façon à rester constamment dans une même section transversale. Le déplacement horizontal ξ vérifie l'équation[242])

$$(1)\qquad \frac{\partial^2 \xi}{\partial t^2} = gh\left(1+\frac{\partial \xi}{\partial x}\right)^{-3}\frac{\partial^2 \xi}{\partial x^2},$$

x étant l'abscisse d'une particule avant la perturbation, abscisse comptée le long du canal, h étant la profondeur d'eau avant la perturbation. Cette équation donne pour la vitesse de propagation l'expression approchée[243])

$$\sqrt{gh},$$

si l'on néglige les carrés et produits de petites quantités. Si la section du canal n'est pas rectangulaire, la formule précédente est remplacée par[244])

$$\sqrt{\frac{gA}{b}},$$

A étant l'aire de cette section, et b sa largeur dans le plan de la sur-

242) *G. B. Airy*, article „Tides and waves" [Encyclopaedia metropolitana 5, Londres 1845, p. 241/396].

243) *J. L. Lagrange*, Nouv. Mém. Acad. Berlin 12 (1781), éd. 1783, p. 194; Œuvres 4, Paris 1869, p. 743; Mécanique analytique, (3e éd.) publ. par *J. Bertrand* 2, Paris 1855, p. 295; Œuvres 12, Paris 1889, p. 321.

244) *P. Kelland*, Trans. R. Soc. Edinb. 14 (1840), p. 530 [1839]. Voir aussi *G. Green*, Trans. Cambr. philos. Soc. 6 (1835/8), éd. 1838, p. 457 [1837]; 7 (1838/42), éd. 1842, p. 87 [1839]; Papers, publ. par *N. M. Ferrers*, Londres 1871, p. 223, 271.

face libre. La discussion de l'équation (1) montre que ces ondes longues ne peuvent s'étendre à l'infini sans changer de forme. Cette méthode d'approximation s'applique principalement à la théorie du flux et du reflux[245]).

*Le cas d'un canal à parois obliques a été considéré par *J. Mc Cowan*[246]), le cas de vagues dans un canal de section variable, par *G. Green*[247]). Si la section change très lentement de forme, *J. W. Strutt* (lord *Rayleigh*)[248]) a étudié un cas particulier d'ondes. D'autres cas ont été envisagés par *G. Chrystal*[249]). D'intéressantes expériences ont été décrites par *P. White* et *W. Watson*[250]). Sur tous ces sujets, comme pour tous ceux dont il va être question dans ce chapitre, on devra consulter les importants mémoires de *J. Boussinesq*[251]).*

5c. **Ondes oscillatoires**[252]). Si nous considérons le mouvement ondulatoire comme une oscillation autour d'une position d'équilibre, nous pouvons supposer que le déplacement, en tant qu'il dépend du temps, peut s'exprimer au moyen de $\sin \sigma t$ et $\cos \sigma t$.

Le mouvement étant supposé irrotationnel, cherchons à déterminer le potentiel des vitesses par les conditions suivantes:

1°) Il doit être harmonique dans l'étendue du liquide;

2°) Les composantes normales de la vitesse doivent s'annuler le long des limites fixes;

3°) La surface libre doit avoir une équation de la forme

$$z = bf(x, y) \cos (\sigma t + \varepsilon);$$

4°) La pression p qui est donnée par l'équation

$$p = \varrho\left(-gz - \frac{1}{2} q^2 - \frac{\partial \varphi}{\partial t}\right)$$

245) Voir l'article VI 8. Pour d'autres types d'ondes longues voir n° 5 h.

246) *London Edinb. Dublin philos. mag. (5) 35 (1893), p. 250.*

247) *Trans. Cambr. philos. Soc. 6 (1835/8), éd. 1838, p. 457 [1837]; Papers[244]), p. 225. Voir aussi *G. B. Airy*, „Tides and waves" § 260 [Encyclopaedia metropolitana 5, Londres 1845, p. 316/7].*

248) *Proc. London math. Soc. (1) 11 (1879/80), p. 51; Papers 1, Cambridge 1899, p. 460; The theory of sound, (2e éd.) 1, Londres 1894, § 148b.*

249) *Proc. R. Soc. Edinb. 25 (1903/5), p. 328; Trans. R. Soc. Edinb. 41 (1904/5), p. 599.*

250) *Proc. R. Soc. Edinb. 26 (1905/6), p. 142/56.*

251) *Voir note 299, et une bibliographie complète, ainsi qu'un exposé des travaux de *J. Boussinesq*, dans *A. Boulanger*, Hydraulique générale 1, Paris 1909; 2, Paris 1909.*

252) *G. G. Stokes*, Trans. Cambr. philos. Soc. 8 (1842/9), éd. 1849, p. 441 [1847]; Papers 1, Cambridge 1880, p. 197; Cambr. Dublin math. J. 4 (1849), p. 219; Papers 2, Cambridge 1883, p. 221, où se trouve, outre la théorie, un parallèle entre la théorie et l'expérience.

doit avoir la même valeur en tous les points de cette surface libre; cette condition en supposant les écarts petits se traduit par l'équation

$$\frac{\partial^2 \varphi}{\partial t^2} + g \frac{\partial \varphi}{\partial z} = 0.$$

Si l'on suppose φ de la forme

$$A \Phi(xyz) \sin(\sigma t + \varepsilon),$$

ce qui suppose A du même ordre de petitesse que b, cette condition 4) s'écrit

$$g \frac{\partial \Phi}{\partial z} = \sigma^2 \Phi$$

en tous les points de la surface libre[253]).

Si l'on suppose en outre que $f(x, y)$ est de la forme

$$f(x, y) = \sin(kx + \alpha),$$

(et est donc indépendant de y), et que le liquide repose sur le plan

$$z = -h,$$

on trouve qu'à une surface libre

$$z = b \sin(kx + \alpha) \cos(\sigma t + \varepsilon),$$

correspond un potentiel de vitesses

$$\varphi = -\frac{b\sigma}{k} \frac{\mathrm{ch}\,[k(z+h)]}{\mathrm{sh}\,(kh)} \sin(kx + \alpha) \sin(\sigma t + \varepsilon),$$

en posant

$$\sigma^2 = gk \,\mathrm{th}\,(kh).$$

Les mouvements ainsi déterminés peuvent être superposés, de telle sorte que notre solution comprend des oscillations stationnaires aussi bien que des ondes progressives. Dans ce dernier cas les trajectoires sont des ellipses[163]) et la vitesse de propagation est donnée par l'équation[159])

$$V^2 = \frac{g}{k} \,\mathrm{th}\,(kh).$$

Si nous supposons dans cette formule kh infiniment grand, nous obtenons

$$\sqrt{\frac{g}{k}}$$

comme vitesse de propagation des ondes en eau profonde. Si nous supposons kh infiniment petit, nous obtenons la vitesse

$$\sqrt{gh}$$

253) *A. G. Greenhill*, Amer. J. math. 9 (1887), p. 63; *H. Poincaré*, J. math. pures appl. (5) 2 (1896), p. 57, 217.

déjà obtenue pour les ondes longues. Dans ce cas les trajectoires elliptiques se transforment à peu près en segments rectilignes horizontaux.

Le mouvement provenant d'une petite perturbation initiale de la surface libre peut s'obtenir par une superposition des mouvements précédents. De tels mouvements ont été étudiés par *S. D. Poisson*[254]) et *A. L. Cauchy*[255]), et ensuite par *W. Thomson*[256]) et *W. Burnside*[257]) surtout.

*Les méthodes de *S. D. Poisson* et *A. L. Cauchy* ont été perfectionnées et transformées par *J. Boussinesq*, *J. Hadamard* et leurs élèves, pour des bassins de forme quelconque, le problème n'étant plus réduit, comme ici, à deux dimensions seulement. Voir sur ce sujet n° 5i.*

5d. Énergie d'un mouvement ondulatoire. Vitesse de groupes[258]). Dans le cas d'ondes progressives du genre précédent, données par l'équation

$$\varphi = -\frac{b\sigma}{k}\frac{\operatorname{ch}[k(z+h)]}{\operatorname{sh}(kh)}\sin(kx-\sigma t),$$

l'énergie de la masse de liquide comprise entre les deux plans verticaux

$$y = y_0, \quad y = y_0 + 1,$$

et les deux autres

$$x = x_0, \quad x = x_0 + \frac{2\pi}{k}$$

est

$$\frac{\pi g b \varrho^2}{k}.$$

C'est l'„énergie dans une longueur d'onde". Une partie de cette énergie est potentielle, l'autre est cinétique.

La quantité d'énergie, qui pendant la période $\frac{2\pi}{\sigma}$ passe d'un côté à l'autre du plan $x = \text{const.}$, est par unité de largeur

$$\frac{\pi g \varrho b^2}{2k}[1 + kh \operatorname{cosech}(kh) \operatorname{séch}(kh)].$$

Si un certain nombre de mouvements ondulatoires de longueurs d'onde différentes sont superposés, et si la vitesse de propagation

254) Mém. Acad. sc. Institut France (2) 1 (1816), éd. 1818, p. 71/186 [1815].

255) Mém. présentés Acad. sc. Institut France (2) 1 (1827), p. 3/123; Œuvres (1) 1, Paris 1882, p. 5/118. *Sur les recherches de *S. D. Poisson* et de *A. L. Cauchy*, cf. *H. Burkhardt*, Sitzgsb. Akad. München, math.-phys. Klasse 1912, p. 97/120.*

256) Proc. R. Soc. London 42 (1887), p. 80/3. Le mouvement dans le voisinage du commencement et de la fin d'un train d'ondes a été aussi considéré par *W. Thomson*, London Edinb. Dublin philos. mag. (5) 23 (1887), p. 113.

257) Proc. London math. Soc. (1) 20 (1888/9), p. 22.

258) *J. W. Strutt*, Proc. London math. Soc. (1) 9 (1877/8), p. 21; The theory of sound, (1re éd.) 2, Londres 1878, p. 297; (2e éd.) 1, Londres 1894, p. 473; Papers 1, Cambridge 1899, p. 322.

dépend de la longueur d'onde $\frac{2\pi}{k}$, les ondes qui ont à peu près la même longueur se propagent sensiblement avec la même vitesse et forment par suite un „groupe d'ondes" se propageant ensemble.

Mais les régions où la superposition des oscillations donne le „maximé d'élévation" se meuvent à travers le groupe. La vitesse avec laquelle ce maximé d'élévation se meut le long de la surface libre s'appelle *vitesse du groupe.* Elle est différente elle-même de la vitesse V de propagation des ondes elles-mêmes; sa valeur est[259])

$$V + k\frac{\partial V}{\partial k}.$$

Le quotient de l'énergie qui dans une période passe d'un côté à l'autre du plan

$$x = \text{const.},$$

par l'énergie dans une longueur d'onde est égal au quotient de la vitesse de groupe par la vitesse de propagation des ondes[260]).

5e. Ondes stationnaires. Imaginons une onde progressive cylindrique se propageant sans changer de forme avec une vitesse U le long de l'axe des x. Si nous donnons à tout le système une vitesse $-U$, nous obtenons un courant permanent à deux dimensions entre un plan horizontal fixe sur lequel coule le liquide et une surface cylindrique fixe (surface libre). De telles ondes sont dites *stationnaires.*

Cet artifice qui consiste à ramener l'étude du mouvement ondulatoire à un mouvement permanent[261]) a été appliqué aux ondes capillaires et aux ondes qui se propagent le long de la surface de séparation de deux fluides[262]). Soit un fluide de densité ϱ' et de profondeur h' coulant avec une vitesse uniforme u_0 sur un fluide de densité ϱ et de

259) *G. G. Stokes* [Smith's Prize Paper, Cambr. Univ. Exam. Papers 1876] a donné le résultat et l'explication développés dans le texte. Le sujet a été traité indépendamment par *O. Reynolds,* Nature (Londres) 16 (1877), p. 343; Papers 1, Cambridge 1900, p. 198. *Voir sur le même sujet deux importants articles de *H. Lamb,* Proc. London math. Soc. (2) 1 (1904), p. 473; Memoires and proc. of the Manchester liter. and philos. Soc. 44 (1899/1900), mém. nº 6.*

260) *O. Reynolds*[259]); **Maria Ferrari* [Atti R. Accad. Lincei, *Rendic.* (5) 22 I (1913), p. 761/6] a perfectionné notablement l'exposé de ces résultats relatifs au flux d'énergie.*

261) *G. G. Stokes,* Papers 1, Cambridge 1880, p. 314.

262) *A. G. Greenhill* [Amer. J. math. 9 (1887), p. 77/9]. La vitesse de propagation d'ondes capillaires a été obtenue pour la première fois par *W. Thomson,* [London Edinb. Dublin philos. mag. (4) 42 (1871), p. 368/77; Papers 4, Cambridge (Londres) 1910, p. 76/85] et plus tard indépendamment par *F. Koláček* [Ann. Phys. und Chemie, Dritte Folge 5 (1878), p. 425/30]; celui-ci néglige la densité du fluide supérieur. Les ondes à la surface de séparation de deux fluides ont été traitées par *G. G. Stokes* [Trans. Cambr. philos. Soc. 8 (1842/9), éd. 1849, p. 441 [1847];

profondeur h, le système étant enfermé entre deux plans horizontaux fixes de distance $h + h'$.

La vitesse de propagation V d'ondes de longueur $\frac{2\pi}{K}$ à la surface de séparation est donnée par l'équation

$$\frac{g}{k}(\varrho - \varrho') + Tk = \varrho V^2 \coth(kh) + \varrho'(V - u_0)^2 \coth(kh'),$$

T étant la tension superficielle, la direction de la propagation coïncidant avec celle de u_0.

Ce résultat peut s'appliquer aux ondes à la surface d'une eau sur laquelle le vent souffle[262]. *A. G. Greenhill*[258]) l'a étendu à un nombre arbitraire de fluides superposés; on peut aussi le généraliser pour des fluides hétérogènes[263]).

*L'influence de la viscosité dans le mouvement des fluides superposés a été étudiée par *W. J. Harrison*[264]) et aussi par *N. Bohr*[265]). Ce même sujet a été repris par *J. W. Strutt* (lord *Rayleigh*)[266]) dans une étude concernant notamment les ondes stationnaires en eau profonde.*

Les ondes stationnaires qu'on observe à la surface libre d'une eau courante appartiennent à cette catégorie. Les dénivellations observées à la surface libre proviennent d'irrégularités du fond sur lequel coule le liquide; *W. Thomson*[267]) appliqua au problème les principes de l'énergie et des quantités de mouvement, et obtint ainsi une solution suffisamment générale qui donne l'action d'irrégularités quelconques du fond (le niveau du fond étant toujours supposé à peu près constant).

Papers 1, Cambrige 1880, p. 197] sans tenir compte de la tension superficielle. *W. Thomson* appliqua ces résultats à un vent soufflant sur une eau profonde. *W. Thomson* [London Edinb. Dublin philos. mag. (4) 42 (1871), p. 375; voir aussi plusieurs articles Papers 4, Cambridge (Londres) 1910, p. 76/92]; *L. Matthiessen* [Ann. Phys. und Chemie, Dritte Folge 38 (1889), p. 118/30] et *O. Riess*[241]) en donnèrent des vérifications expérimentales.

263) *J. W. Strutt,* Proc. London math. Soc. (1) 14 (1882/3), p. 170/7; Papers 2, Cambridge 1900, p. 200; *W. Burnside,* Proc. London math. Soc. (1) 02 (1888/9), p. 392. *A. E. H. Love* [id. (1) 22 (1890/1), p. 307/16] traite directement le mouvement ondulatoire de fluides hétérogènes.

264) *London Edinb. Dublin philos. mag. (6) 20 (1910), p. 493/501; Proc. London math. Soc. (2) 6 (1908), p. 396/405; (2) 7 (1909), p. 107/21; Proc. R. Soc. London 82 A (1909), p. 477/83.*

265) *Philos. Trans. London 209 A (1909), p. 281/318; Proc. R. Soc. London 84 A (1911), p. 395/403.*

266) *London Edinb. Dublin philos. mag. (6) 21 (1911), p. 177/95. Voir aussi *W. Thomson,* London Edinb. Dublin philos. mag. (6) 11 (1906), p. 1/25.*

267) London Edinb. Dublin philos. mag. (5) 22 (1886), p. 353/7, 445/52, 517/30; (5) 23 (1887), p. 52. *H. Lamb* [Hydrodynamics[1]), p. 407] a traité le cas où les irrégularités du fond ont la forme d'une sinusoïde.

V. W. Ekman[268]) étendit au cas de trois dimensions le problème traité par *W. Thomson*; il supposa les vagues produites par un seul obstacle placé à la base du courant, les dimensions de cet obstacle étant petites par rapport à la longueur des vagues.*

*L'étude des ondes provenant des irrégularités du fond a été reprise, suivant les idées de *H. von Helmholtz* et *T. Levi-Civita* [cf. n° 1 e], par *U. Cisotti*[269]) et *H. Villat*[270]).*

Des ondes stationnaires peuvent aussi provenir d'irrégularités dans la pression à la surface libre, telles que celles dues à la présence d'obstacles plongés dans le liquide. Ce problème est dans une certaine mesure indéterminé, puisque sur les ondes provenant de l'obstacle on peut greffer un système arbitraire d'ondes libres. *J. W. Strutt* (lord *Rayleigh*)[271]) élimina ces ondes libres en introduisant de petites forces dissipatives proportionnelles à la vitesse. Le mouvement n'en reste pas moins irrotationnel. Cette méthode a été appliquée à la détermination du train d'ondes qui accompagne un navire[272]). *J. H. Michell*[273]) a traité ce problème des ondes du navire par une autre voie, en appliquant les recherches de *S. D. Poisson*[254]) et de *A. L. Cauchy*[255]). En particulier il en fit dériver une formule relative à la résistance opposée par ces ondes, formule applicable aux formes réelles des navires.

*L'application de la méthode de *A. L. Cauchy* et de *S. D. Poisson* a été reprise et approfondie par *W. Thomson*[274]), puis par *H. Lamb*[259])[275]), qui étudie aussi les ondes dues à une variation de pression à la surface dans le cas de trois dimensions, puis par *T. H. Havelock*[276]). Pour

268) *Arkiv mat. astron. och fys. (Stockholm) 3 (1906/7), mém. n° 2, p. 1/30.*

269) *Atti R. Accad. Lincei, *Rendic.* (5) 21 I (1912), p. 588/93, 704/8, 760/4; (5) 22 I (1913), p. 417/22, 580/4.*

270) *Atti R. Accad. Lincei, *Rendic.* (5) 21 II (1912), p. 138/40.*

271) Proc. London math. Soc. (1) 15 (1883/4), p. 69/76; Papers 2, Cambridge 1900, p. 258; cf. *H. Lamb*, Hydrodynamics [1]), p. 393, 450.

272) *H. Lamb*, Hydrodynamics [1]), p. 403, où se trouvent aussi des critiques des travaux de *W. Thomson* et de *W. Froude*, qui traitent les choses d'un point de vue purement descriptif et expérimental.

273) London Edinb. Dublin philos. mag. (5) 45 (1898), p. 106/23.

274) *London Edinb. Dublin philos. mag. (5) 23 (1887), p. 252/5; Proc. R. Soc. Edinb. 25 (1903/5), p. 185/96, 311/328; London Edinb. Dublin philos. mag. (6) 7 (1904), p. 609/20; (6) 8 (1904), p. 454/70; (6) 9 (1905), p. 733/57; Proc. R. Soc. Edinb. 25 (1903/5), p. 562/87; 26 (1905/6), p. 399/436; London Edinb. Dublin philos. mag. (6) 11 (1906), p. 1/25; (6) 13 (1907), p. 1/36; Papers 4, Cambridge (Londres) 1910, p. 338/456.*

275) *Hydrodynamics [1]), éd. allemande, publ. par *J. Friedel*, Lehrbuch der Hydrodynamik, Leipzig 1907, p. 424 et suiv.; Proc. London math. Soc. (2) 2 (1905), p. 371/400.*

276) *Proc. R. Soc. London 81 A (1908/9), p. 398/430; *T. H. Havelock*, établit que ses équations sont équivalentes à celles de *W. Thomson*.*

l'historique de ces questions, on pourra voir l'exposé de *H. Lamb*[277]) et de nombreux articles de *W. Thomson*[278]).*

*Dans la représentation des différents types d'ondes, les caractéristiques de nombreuses figures ont été analysées et vérifiées en détail par *G. Green*[279]); *T. H. Havelock*[280]) a étudié le détail de la théorie de la résistance à l'avancement éprouvée par un navire, du fait des ondes; il poussa l'étude jusqu'à la considération des systèmes de vagues divergentes, de l'interférence des trains de vagues à l'avant et à l'arrière, et envisagea aussi le cas d'une eau peu profonde. Cette même théorie de la résistance des navires, de ce point de vue, a donné lieu à une étude de *J. W. Strutt*[281]).

Relativement aux ondes et à leur stabilité, signalons l'étude de *A. Stephenson*[282]) où l'auteur, abandonnant le potentiel des vitesses, fait usage d'une méthode directe et plus générale.

La plupart des recherches dont il vient d'être question dérivent de la méthode Cauchy-Poisson. A propos du principe même, *J. W. Strutt*[283]) remarque que les résultats mathématiques indiquent qu'une perturbation initiale donnant naissance à des ondes fait sentir son effet instantanément dans le fluide à toute distance; anomalie apparente dont une explication est fournie par l'auteur, et dont se sont occupés également *T. H. Havelock*[284]) et *F. B. Pidduck*[285]). Les raisons profondes de cet apparent paradoxe, comme de beaucoup d'autres, ont été récemment mises en lumière par *J. Boussinesq*[286]), pour les fluides parfaits ou même visqueux.*

5f. Oscillations stationnaires dans des bassins. Le mouvement ondulatoire dans un canal rectiligne de section uniforme, mouvement donné par l'équation

$$\varphi = Af(y,z)\sin(kx+\sigma t),$$

277) *Proc. London math. Soc. (2) 2 (1905), p. 371/400.*

278) *Papers 4, Cambridge (Londres) 1910, p. 338/456; cf. note 274.*

279) *Proc. R. Soc. Edinb. 29 (1908/9), p. 445/70; 30 (1909/10), p. 1/12, 242/53. Voir aussi *K. Honda*, Nature (Londres) 71 (1904/5), p. 295; *H. C. Pocklington*, Nature (Londres) 71 (1904/5), p. 607/8; *T. N. Terada*, Tōkyō Sūgaku-Butsurigakkwai Kizi (Proc. Tōkyō math. phys. Soc.) (2) 4 (1907/8), p. 251/9.*

280) *Proc. R. Soc. London 82 A (1909), p 276/300.*

281) *London Edinb. Dublin philos. mag. (6) 18 (1909), p. 414/6.*

282) *London Edinb. Dublin philos. mag. (6) 21 (1911), p. 773/7. Voir aussi *C. S. Slichter*, Annals of math. (2) 12 (1910/1), p. 170/8.*

283) *London Edinb. Dublin philos. mag. (6) 18 (1909), p. 1/6.*

284) *Id. (6) 19 (1910), p. 160/8.*

285) *Proc. R. Soc. London 83 A (1910), p. 347/56; 86 A (1912), p. 296/305.*

286) *Ann. Éc. Norm. (3) 29 (1912), p. 537/87; voir notamment p. 557 et suiv.*

conduit à la détermination des mouvements harmoniques d'un liquide dans une auge limitée à deux sections normales

$$x = 0, \quad x = l;$$

il suffit d'admettre que $\frac{kl}{\pi}$ est un nombre entier et que deux systèmes d'ondes se propagent simultanément en sens opposés. Le mouvement considéré a le potentiel de vitesses

$$\varphi = A f(y,z) \cos kx \cos(\sigma t + \varepsilon).$$

Pour un canal, *P. Kelland*[244]) et *A. G. Greenhill*[258]) ont étudié le cas où les parois du canal sont inclinées à 45° sur la verticale.

H. M. Macdonald[287]) a donné des solutions relatives au cas où l'inclinaison est de 60°. Il affirme que ce sont là les seules sections triangulaires auxquelles la méthode puisse s'appliquer.

G. G. Stokes[288]) obtint des solutions du même genre pour des systèmes d'ondes se propageant parallèlement à la rive inclinée. La vitesse de propagation est

$$\pi \sqrt{\frac{g \sin \alpha}{k}},$$

$\frac{2\pi}{k}$ désignant la longueur d'onde et α l'inclinaison de la rive sur l'horizon.

Dans le cas d'un liquide contenu dans une auge, il existe des oscillations stationnaires à deux dimensions pour lesquelles le liquide se meut dans des plans parallèles aux limites verticales de l'auge. *G. Kirchhoff*[289]) a discuté ces oscillations, et plus récemment *H. M. Macdonald*[290]).

Si l'auge a deux parois planes également inclinées, il semble que l'application de la méthode considérée doit être bornée aux inclinaisons de 45° et 30° sur l'horizon[291]). On a aussi obtenu des solutions

287) Proc. London math. Soc. (1) 25 (1893/4), p. 101/11; *H. Lamb* [Hydrodynamics [1]), p. 429/36] conteste le point de vue de *H. M. Macdonald.* Voir aussi l'enchaînement des explications données par *H. M. Macdonald*, Proc. London math. Soc. (1) 27 (1895/6), p. 622. *G. G. Stokes* [Report. Brit. Assoc. 16, Southampton 1846, éd. Londres 1847, p. 1/20; Papers 1, Cambridge 1880, p. 167] remarque que des ondes à arêtes rectilignes ne sont pas possibles dans tous les canaux. Il s'appuie en cela sur des expériences de *J. Scott Russell*, qui semblent indiquer que de telles ondes sont impossibles dès que la pente des parois dépasse une certaine valeur.

288) Report Brit. Assoc. 16, Southampton 1846, éd. Londres 1847, p. 1/20; Papers 1, Cambridge 1880, p. 167.

289) Monatsb. Akad. Berlin 1879, p. 395/410; Ges. Abh., Leipzig 1882, p. 428; *G. Kirchhoff* compara sa théorie à l'expérience.

290) Proc. London math. Soc. (1) 27 (1895/6), p. 622.

291) *H. M. Macdonald*[290]). Dans le cas d'un canal à section circulaire, *H. Lamb* [Hydrodynamics [1]), p. 429] et *J. W. Strutt* [London Edinb. Dublin philos. mag. (5) 47 (1899), p. 566] ont donné une limite supérieure du nombre d'oscillations pour le type le moins élevé.

pour des ondes le long d'une rive inclinée quand l'inclinaison est $\frac{\pi}{n}$, n étant un nombre entier[290]).

Pour des bassins d'une autre forme, on n'a résolu qu'un petit nombre de problèmes d'ondes[292]). Le plus important est le mouvement ondulatoire dans un bassin circulaire[293]). Si a est le rayon du bassin, h la profondeur, le potentiel des vitesses d'un liquide oscillant harmoniquement a la forme

$$\varphi = A \operatorname{ch} [k(z + h)] J_n(kr) \cos (n\theta + \alpha) \cos (\sigma t + \varepsilon),$$

n étant un nombre entier, $J_n(kr)$ la fonction de Bessel de première espèce d'ordre n, et k étant donné par

$$J'_n(ka) = 0,$$

σ^2 étant égal à

$$gk \operatorname{th} (kh).$$

K. Aichi[294]) remarque que, dans des bassins cylindriques circulaires ou sensiblement circulaires, la hauteur des ondes est sensiblement la même. Pour un cylindre dont la section a une aire donnée, la forme de section qui donne les oscillations les plus hautes est la courbe d'équation polaire

$$r = a + \alpha \cos 3\theta + \beta \sin 3\theta.*$$

Si le liquide est soumis à une petite perturbation initiale arbitraire dans un bassin de forme quelconque, on déterminera le mouvement par une superposition de mouvements harmoniques.

H. Poincaré[253]) a considéré la série de fonctions normales servant à développer le potentiel des vitesses. *Pour une détermination plus précise de mouvements dans des bassins quelconques, voir n° 5i.*

5g. Détermination plus rigoureuse de mouvements ondulatoires. Les résultats qui font l'objet des n°s 5c à 5f s'obtiennent en négligeant les carrés et produits des quantités de l'ordre des déplacements. Une solution périodique rigoureuse des équations de Lagrange pour le mouvement ondulatoire d'un liquide de profondeur infinie sous l'action de la pesanteur a été découverte par *F. J. von*

---

292) *A. G. Greenhill* [Amer. J. math. 9 (1887), p. 110] donne quelques exemples relatifs à des hyperboloïdes et des cônes.

293) *S. D. Poisson* [Ann. math. pures appl. 19 (1828/9), p. 225/41] et *M. Ostrogradskij* [Mém. présentés Acad. sc. Institut France (2) 3 (1832), p. 23/44 (1826)] ont traité ce problème. *J. W. Strutt* [London Edinb. Dublin philos. mag. (5) 1 (1876), p. 272/9; Papers 1, Cambridge 1899, p. 251] en a donné la solution complète.

294) *Tōkyō Sūgaku-Butsurigakkwai Kizi [Proc. Tōkyō math.-phys. Soc.] (2) 4 (1907/8), p. 220/3.*

Gerstner[295]) et plus tard retrouvée par *W. J. M. Rankine*[296]). Dans ce mouvement les coordonnées d'une particule liquide sont déterminées au temps t par des équations de la forme

$$(1)\qquad \begin{cases} x = x_0 + k^{-1}e^{ky_0}\sin k(x_0 + Vt), \\ y = y_0 - k^{-1}e^{ky_0}\cos k(x_0 + Vt), \end{cases}$$

l'axe des y étant dirigé verticalement vers le haut.

La condition de constance de la pression, le long d'une surface $y_0 =$ const., est

$$V^2 = \frac{g}{k},$$

de sorte que la vitesse de propagation est la même que pour les ondes oscillatoires du n° 5c[297]).

Chaque particule décrit un cercle dans un plan vertical parallèle à la propagation, la surface libre est trochoïdale.

Le mouvement ainsi défini par les équations (1) n'est pas irrotationnel[298]), et ne peut pas par suite être engendré uniquement par des pressions le long de la surface libre.

*On donne le nom de „houle cylindrique régulière" à un mouvement ondulatoire à deux dimensions sous l'influence de la pesanteur, la forme de la surface libre étant cylindrique, les ondulations étant toutes égales et invariables. *J. Boussinesq*[299]) a montré que toute houle

295) Abh. böhm. Ges. Wiss. von den Jahren 1802/4, éd. Prague 1804, phys.-math. Teil, mém. n° 1; Ann. Phys. und Chemie, Erste Folge 32 (1809), p. 412/45; *traduit en français et annoté par *A. J. C. Barré de Saint Venant*, Ann. Ponts et Chaussées (6) 13 (1887), premier semestre, p. 31/86.*

296) Philos. Trans. London 153 (1863), p. 127/34 [1862].

297) **H. Nagaoka* [Tōkyō Sūgaku-Butsurigakkwai Kizi (Proc. Tōkyō math. phys. Soc.), (2) 4 (1907/8), p. 113/4] a étendu cette formule au cas où l'on tient compte de la courbure de la terre, dans la propagation d'ondes sur l'océan. Au sujet de la vitesse des vagues de la mer, cf. *P. Terada*, id. (2) 6 (1911/2), p. 260/5.*

298) *G. G. Stokes*, Papers 1, Cambridge 1880, p. 219, *J. W. Strutt*[293]).

299) *C. R. Acad. sc. Paris 120 (1895), p. 1240, 1310. Voir aussi *L. E. Bertin*, Mém. Soc. sc. natur. Cherbourg (2) 5 (1869/70), p. 5/44, 313/55 [1869]; Revue des Sociétés savantes, sc. math. phys. et nat. (2) 5 (1870), p. 150/203; *A. J. C. Barré de Saint Venant*, C. R. Acad. sc. Paris 73 (1871), p. 521, 589; *A. Flamant*, Ann. Ponts et Chaussées (6) 15 (1888), premier semestre, p. 774/809; *J. Pollard* et *A. Dudebout*, Théorie du navire 3, Paris 1892, p. 35/152. Voir une théorie élémentaire de la houle dans *E. Guyou*, Théorie du navire, (2e éd.) Paris 1894, p. 261/84.

Au sujet du clapotis, phénomène produit par la superposition de deux houles propagées en sens inverse, voir *J. Boussinesq*, Théorie des ondes liquides périodiques, Mém. présentés Acad. sc. Institut France (2) 20 (1872), p. 509 [1869]; *F. Nau*, Formation et extinction du clapotis, Thèse, Paris 1897; *J. B. Marey* [C. R. Acad. sc. Paris 116 (1893), p. 915] donne des photographies de ce phénomène.*

cylindrique régulière avec mouvement évanouissant aux grandes profondeurs est régie par la loi précédente.*

*Le travail mécanique emmagasiné par le liquide dans le mouvement de houle trochoïdale a été étudié par *L. E. Bertin*[300]). Le même auteur[301]) a étudié en détail les mouvements de l'océan, notamment les dimensions et inclinaisons maximées des vagues, la formation, la propagation et l'extinction de la houle, le clapotis; il étudia aussi le cas de la houle en profondeur finie, sujet repris par *H. Vergne*[302]).*

*Les mouvements de clapotis ont été repris avec une approximation plus grande par *G. Fortant* et *M. Le Besnerais*[303]) dans une étude qui constitue un grand progrès pour la théorie de l'agitation de l'océan. Ces auteurs ont recherché notamment les lois de mouvement qui résultent de l'entrecroisement oblique de deux houles, et dont *L. E. Bertin*[301]) avait indiqué l'existence. Ils étudient aussi les mouvements provenant du choc d'une houle sur un quai vertical, soit normalement, soit obliquement.*

Dans le cas d'ondes irrotationnelles, nous écrirons, comme dans le n° **1** e,

$$w = \psi + i\varphi \quad \text{et} \quad z = x + iy,$$

en supposant le mouvement ramené à un mouvement permanent parallèle au plan des xy, l'axe des y étant vertical dirigé vers le haut, l'axe des x étant situé dans la surface libre avant la perturbation.

Les conditions à remplir sont:

1°) une ligne de courant coïncide avec une courbe donnée dans le plan,

2°) le long d'une autre ligne de courant

$$(2) \qquad gy + \frac{1}{2}\left|\frac{dw}{dz}\right|^2 = \text{const.}$$

G. G. Stokes[304]) essaya de remplir ces conditions par une méthode d'approximations successives, d'après laquelle les résultats contenus dans le n° 5c sont approchés au premier ordre; il montra comment on peut ainsi aller jusqu'au cinquième ordre des petites quantités. Il trouva une forme limite de l'onde présentant une arête vive le long de laquelle les plans tangents sont à 120°.

300) *C. R. Acad. sc. Paris 143 (1906), p. 565/6.*

301) *Revue scientifique (5) 6 (1906), p. 193/202, 229/34.*

302) *C. R. Acad. sc. Paris 153 (1911), p. 174/6.*

303) *L. E. Bertin*, Rapport sur un Mémoire intitulé „Étude sur les mouvements d'eau etc." par MM. Fortant et Le Besnerais, ingénieurs de la marine [C. R. Acad. sc. Paris 145 (1907), p. 1242/52].*

304) Voir note 252; cf. Papers 1, Cambridge 1880, p. 314.

J. H. Michell[305]) a étudié directement ce résultat. *R. F. Gwyther*[306]) a fait voir qu'on peut pousser l'approximation dans les calculs jusqu'au sixième ordre, ce qui lui permet de préciser le profil des vagues et la détermination approximative de l'extrême valeur permise pour le rapport de la hauteur des vagues à la distance de deux vagues consécutives.*

M. P. Rudzki[307]) a montré que si une fonction Z est liée à z et à w par l'équation

$$\left(A + iB + 3ig\int e^{-iZ}dw\right)^2\left(\frac{dz}{dw}\right)^3 = e^{-3iZ}\left(A - iB - 3ig\int e^{iZ}dw\right),$$

où A et B sont des constantes réelles arbitraires, la condition (2) peut être remplacée par la suivante: Z réel pour w réel. En particulier, en prenant $Z = w$, il fut conduit à la détermination des ondes stationnaires se produisant dans un courant qui coule sur un fond non plan de forme déterminée, *question résolue, ainsi que plusieurs autres connexes, d'une façon générale par *H. Villat*[308])*.

Des solutions rigoureuses, correspondant à l'hypothèse d'un fond plan fixe ou d'une profondeur infinie, n'ont pas été trouvées jusqu'à présent. La condition correspondant à l'équation (2) pour deux liquides superposés a été formulée par *H. von Helmholtz*[309]); *W. Wien*[310]) a discuté quelques exemples à l'aide d'une représentation conforme particulière.

*Les méthodes utilisant la théorie des fonctions ont permis à *T. Levi-Civita*[311]) de ramener la solution rigoureuse du mouvement ondulatoire dans un canal à fond plan, à la solution de l'équation mixte, différentielle et aux différences finies

$$\frac{d}{df}\left[w(f+iq)w(f-iq)\right] - ig\left[\frac{1}{w(f+iq)} - \frac{1}{w(f-iq)}\right] = 0,$$

équation dont il faudrait trouver une intégrale $w(f)$, réelle pour f réel, régulière dans une bande du plan, de largeur $2q$, ayant pour axe l'axe réel, et finie pour f infini. Une méthode analogue, pour le

305) London Edinb. Dublin philos. mag. (5) 36 (1893), p. 430/7.

306) *Mem. and proc. of the Manchester liter. and philos. Soc. 50 (1905/6), mém. n° 8, p. 1/28; London Edinb. Dublin philos. mag. (6) 11 (1906), p. 374/8.*

307) Math. Ann. 50 (1898), p. 272/3; *W. Voigt* [Nachr. Ges. Gött. 1891, p. 46; id. 1892, p. 490] appliqua la méthode de *G. Kirchhoff* [n° 1f.] à des courants sans force entre deux lignes ondulées dont l'une est une surface libre.

308) *C. R. Acad. sc. Paris 156 (1913), p. 442/5.*

309) Sitzgsb. Akad. Berlin 1889, p. 761; Wiss. Abh. 3, Leipzig 1895, p. 309.

310) Sitzgsb. Akad. Berlin 1894, p. 509; id. 1895, p. 343; Ann. Phys. und Chemie, Dritte Folge 56 (1895), p. 100.

311) *Atti R. Accad. Lincei, *Rendic.* (5) 16 II (1907), p. 777/90.*

mouvement en eau profonde, a été développée par *U. Cisotti*[312]). La méthode indiquée par *H. Villat*[308]) ramène le problème, pour un canal de profondeur finie, à une équation intégrale d'une nature tout autre que la précédente.*

5h. Onde solitaire. *J. Scott Russell*[313]) *et plus tard *H. Darcy* et *H. E. Bazin*[314])* ont étudié expérimentalement le mouvement résultant d'une élévation brusque du niveau de l'eau à l'entrée d'un canal rectangulaire rectiligne horizontal. Il se produit dans ces conditions une intumescence unique, appelée „onde solitaire ou de translation" (solitary wave), de forme cylindrique invariable tout en saillie sur le niveau primitif et se propageant le long du canal avec une vitesse constante. *On peut aussi produire une onde de translation négative constituée par une dépression. L'onde positive est très stable si la hauteur du gonflement est faible par rapport à la profondeur de l'eau, l'onde négative est peu stable et ne peut généralement parcourir une grande distance sans être détruite.*

Un premier essai de théorie a été tenté par *S. Earnshaw*[315]); mais la véritable théorie de l'onde solitaire a été donnée par *J. Boussinesq*[316]); il s'appuya sur la ressemblance de l'onde solitaire avec une „onde longue", en supposant que les vitesses horizontales sont sensiblement égales dans toute l'étendue d'une section normale. *J. W. Strutt*[293]) ramena le mouvement à un cas de mouvement permanent et utilisa une méthode particulière d'approximation. *J. Boussinesq* et *J. W. Strutt* ont trouvé pour le profil de l'onde une équation de la forme

$$y = b \operatorname{séch}^2 (\tfrac{1}{2} kx),$$

312) *Atti Ist. Veneto (8) 13 (1910/1), p. 33/47.*

313) *J. Scott Russel*[241]); *son premier mémoire [Trans. R. Soc. Edinb. 14 (1840), p. 47/109] a été traduit en français par *H. C. Emmery* et *L. C. Mary*, Ann. Ponts et Chaussées (1) 14 (1837), second semestre, p. 143/236.*

314) *Rapport de *E. Clapeyron* à l'Acad. des sc. de Paris [C. R. Acad. sc. Paris 57 (1863), p. 302/12]; *H. E. Bazin*, Recherches hydrauliques [Mém. présentés Acad. sc. Institut France (2) 19 (1865), mém. n° 2, p. 495/639]. Voir aussi *A. F. de Caligny*, C. R. Acad. sc. Paris 19 (1844), p. 861, 978; 34 (1852), p. 360; 56 (1863), p. 655; 57 (1863), p. 945; 58 (1864), p. 59, 174; 62 (1866), p. 462, 981; 68 (1869), p. 980.*

315) *Trans. Cambr. philos. Soc. 8 (1842/9), éd. 1849, p. 326/41 [1845].*

316) C. R. Acad. sc. Paris 72 (1871), p. 755; J. math. pures appl. (2) 17 (1872), p. 55; *Mém. présentés Acad. sc. Institut France (2) 23 (1877), mém. n° 1, p. 280/315, 360/425, 448/70; voir aussi l'exposé donné par *A. J. C. Barré de Saint Venant*, C. R. Acad. sc. Paris 101 (1885), p. 1101, 1215, 1445; *A. Flamant*, Ann. Ponts et Chaussées (6) 17 (1889), premier semestre, p. 5/48; *M. Levy*, Leçons sur la théorie des marées 1, Paris 1898, p. 264 (chap. 10). Un exposé très simple des théories de *J. Boussinesq* se trouve dans *A. Boulanger*, Hydraulique générale 1, Paris 1909; 2, Paris 1909.*

et pour la vitesse de propagation

$$V = \sqrt{g(h+b)},$$

les constantes b et k étant liées par l'équation

$$k^2 h^3 = 3b,$$

h étant la profondeur et b la hauteur du gonflement. Les trajectoires sont des arcs de paraboles[317]).

J. Mc Cowan[318]) a montré que le mouvement progressif qui, ramené à la forme permanente, est déterminé par l'équation

$$\varphi + i\psi = -V\left[x + iy - a \operatorname{th} \frac{k(x+iy)}{2}\right],$$

où les constantes sont liées par les relations

$$V^2 = \frac{g}{k} \operatorname{tg}(kh), \quad ka = \frac{2}{3} \sin^2 k\left(h - \frac{2}{3}b\right), \quad b = a \operatorname{tg} \frac{k(h+b)}{2},$$

représente toujours approximativement une onde solitaire d'élévation maximée b sur un liquide de profondeur h.

La condition de pression constante le long de la ligne de courant

$$y = h + a \frac{\sin k(y+h)}{\cos k(y+h) + \operatorname{ch}(kx)}$$

est remplie jusqu'au second ordre par rapport à b en tous points, et jusqu'au troisième ordre le long de l'arête de l'onde.

Ce résultat contient ceux de *J. Boussinesq* et de *J. W. Strutt.* Les ondes considérées ici sont infiniment longues.

**T. Levi-Civita*[319]) étend les résultats de *J. W. Strutt* au cas d'un canal de profondeur donnée, avec une onde quelconque, même non périodique, du type permanent. Il trouve une relation générale entre les éléments du mouvement: force vive par unité de longueur, niveau moyen, vitesse de propagation, débit relatif (tel qu'il apparaîtrait à un observateur lié au profil supérieur de l'onde).*

D'autres formes d'ondes longues ont été discutées par *J. Boussinesq*[316]), *J. Mc Cowan*[320]) et *R. F. Gwyther*[321]).

D. J. Korteweg et *G. de Vries*[322]) ont découvert un type très général; ils ont trouvé qu'un mouvement permanent d'un liquide de profondeur h

---

317) *J. Boussinesq*, J. math. pures appl. (2) 18 (1873), p. 47.

318) London Edinb. Dublin philos. mag. (5) 32 (1891), p. 47/9.

319) *Atti R. Accad. Lincei *Rendic.* (5) 21 I (1912), p. 3/14.*

320) London Edinb. Dublin philos. mag. (5) 33 (1892), p. 250/65; (5) 38 (1894), p. 351/8.

321) Id. (5) 50 (1900), p. 213/6, 308/12, 349/52.

322) Id. (5) 39 (1895), p. 422/43. Ces savants traitent aussi le cas plus général où il est tenu compte de la tension superficielle T à la surface limite supérieure. Les

peut s'obtenir par l'introduction de fonctions elliptiques de module $\sqrt{\frac{b}{b+c}}$. La ligne de courant qui coïncide à peu près avec une ligne d'égale pression a pour équation

$$y = b\left(1 + \mathrm{cn}^2 \frac{x\sqrt{b+c}}{2\sqrt{\sigma}}\right)$$

avec $\sigma = \frac{1}{3}h^3$. La vitesse de propagation des ondes correspondantes est

$$V = \sqrt{gh}\left[1 + \frac{b+c}{h} - 2\frac{b+c}{h}\frac{E(K)}{K}\right]^{\frac{1}{2}}.$$

L'onde solitaire décrite ci-dessus, et les ondes longues du type oscillatoire données n° 5c, sont des cas limites du type précédent, pour c très petit ou très grand, respectivement.

5i. Solutions plus rigoureuses des mouvements ondulatoires dans des bassins quelconques. *Le problème de la propagation des ondes à la surface d'un liquide parfait n'a été complétement étudié par *S. D. Poisson*[254]), *A. L. Cauchy*[255]) et leurs successeurs [voir notamment 5e] que pour une profondeur de liquide infinie ou constante, et pour des dimensions horizontales infinies. Pour ces cas, de nouvelles et importantes simplifications ont été introduites par *J. Boussinesq*[323]), *J. Rousier*[324]), *H. Vergne*[325]).

Pour un liquide contenu dans un vase de forme quelconque, *H. Poincaré*[253]) tournait la difficulté en se bornant à la recherche de solutions périodiques de la forme

$$f(x, y) \cos \sigma t.$$

---

résultats sont les mêmes, cependant

$$\sigma = \frac{1}{3}h^3 - \frac{hT}{g\varrho}.$$

M. Alliaume [C. R. Acad. sc. Paris 143 (1906), p. 30/2] dans une étude basée sur les résultats de *J. Boussinesq*[317]) recherche également l'influence de la tension superficielle sur la propagation des ondes: cette influence est trouvée très faible en général, mais elle devient très importante pour des liquides de faible épaisseur. Sur le même sujet voir aussi *W. J. Harrison* [Proc. London math. Soc. (2) 7 (1909), p. 107/21; London Edinb. Dublin phil. mag. (6) 18 (1909), p. 483/91] et *R. A. Houston* [id. (6) 17 (1909), p. 154/64; (6) 19 (1910), p. 205/6] qui étudie aussi l'influence de la viscosité sur l'extinction des ondes et en particulier de l'onde longue. Ces deux auteurs ne sont pas d'accord sur les raisons du désaccord qu'ils trouvent entre la théorie et l'expérience.*

323) *C. R. Acad. sc. Paris 150 (1910), p. 491/6; Ann. Éc. Norm. (3) 27 (1910), p. 1/42.*

324) *Thèse, Paris 1908.*

325) *Thèse, Paris 1909; C. R. Acad. sc. Paris 152 (1911), p. 1231/3.*

J. Hadamard[326]) a formé l'équation exacte du problème dans le cas général des petits mouvements [cette équation est intégro-différentielle au sens de *V. Volterra*] et il a mis en évidence une circonstance remarquable qui constitue une des plus grandes difficultés du problème, à savoir la différence profonde de caractère analytique entre le mouvement de surface et le mouvement interne du liquide.

Si $\varphi(x, y, z, t)$ est le potentiel des vitesses, ϱ la densité, p la pression, Oxy étant le plan de la surface libre au repos, Oz étant la zénithale, on a partout

$$\Delta\varphi = 0$$

$$\frac{1}{2}\left[\left(\frac{\partial\varphi}{\partial x}\right)^2 + \left(\frac{\partial\varphi}{\partial y}\right)^2 + \left(\frac{\partial\varphi}{\partial z}\right)^2\right] + \frac{\partial\varphi}{\partial t} = -z - \frac{p}{\varrho}.$$

On peut supposer nulle la pression (constante) à la surface libre. La dérivée

$$\psi = \frac{\partial\varphi}{\partial t},$$

qui est harmonique, satisfait alors, sur la surface libre S, à la condition

$$\psi_S = -z,$$

et sur les parois Σ du vase, à

$$\left(\frac{d\psi}{dn}\right)_\Sigma = 0.$$

On a de plus

$$\frac{\partial^2 z}{\partial t^2} = \frac{\partial\psi}{\partial z}.$$

La fonction harmonique ψ se détermine en résolvant un problème mixte[327]). Si

$$\gamma(M, P) = \gamma(\xi, \eta, \zeta;\ x, y, z)$$

représente la fonction de *F. Neumann*[328]) relative au volume limité par Σ et par sa symétrique par rapport au plan des xy, on sait que l'on peut poser

$$\gamma(M, P) = \frac{1}{MP} + H(M, P),$$

H étant une fonction analytique et holomorphe des deux points M

---

326) *C. R. Acad. sc. Paris 150 (1910), p. 609/11, 772/4. La théorie de *J. Hadamard* a été exposée en détail, et précisée sur certains points, par *G. Bouligand,* Bull. Soc. math. France 40 (1912), p. 149/80.*

327) **J. Hadamard,* Leçons sur la propagation des ondes, Paris 1903, p. 55.*

328) *Voir par exemple *J. Hadamard,* Propagation des ondes[327]), p. 33 et suiv.*

et P. On montre alors que z satisfait à l'équation intégro-différentielle

$$(E) \qquad 2\pi \frac{\partial^2 z}{\partial t^2} = \left(\frac{\partial^2}{\partial x^2} + \frac{\partial^2}{\partial y^2}\right) \iint\limits_S \frac{z_M}{MP} dS_M + \iint\limits_S z_M F(M, P) dS_M$$

dans laquelle la fonction $F(M, P)$ représente la dérivée

$$\left(\frac{\partial^2 H(M, P)}{\partial z \partial \zeta}\right)_{z=\zeta=0}.$$

L'équation aux dérivées partielles

$$\frac{\partial^4 z}{\partial t^4} + \frac{\partial^2 z}{\partial x^2} + \frac{\partial^2 z}{\partial y^2} = 0,$$

trouvée par *A. L. Cauchy*[255]) pour le cas du liquide indéfini, est vérifiée par la solution de (E) dans ce cas particulier. Mais on montre que l'équation de *A. L. Cauchy* a en outre une infinité de solutions étrangères au problème, dont l'expression exacte est fournie par (E). De plus, cette équation aux dérivées partielles n'est pas vérifiée dans le cas d'un liquide contenu dans un vase de forme quelconque. Ce dernier fait, fort important, a été démontré par *G. Bouligand*[326]).

Dans le cas général les solutions de (E) admettent, tout le long de l'intersection du vase avec la surface libre, des singularités dont la nature et la propagation dans le temps restent à étudier.

G. Bouligand[329]) a étendu le procédé de *J. Hadamard* aux petits mouvements de surface d'un liquide placé dans le champ d'attraction d'une force centrale fonction de la distance.

La méthode de *J. Hadamard* permet la mise en équation, relativement simple, des mouvements finis, et non plus infiniment petits, de la surface liquide.*

5j. Oscillations d'une sphère fluide. Une sphère formée d'un fluide dont les particules s'attirent suivant la loi de Newton est un système matériel en équilibre stable. Si l'équilibre est légèrement troublé, le déplacement radial d'un point de la surface peut s'exprimer par une série de fonctions sphériques; à chaque fonction sphérique considérée correspond une oscillation simple principale. La période d'oscillation

$$\frac{2\pi}{\sigma}$$

qui correspond à une perturbation harmonique d'ordre n est donnée par l'équation[330])

$$\sigma^2 = \frac{2n(n-1)}{2n+1} \frac{g}{a},$$

329) *C. R. Acad. sc. Paris 154 (1912), p. 1338/40 *

330) *W. Thomson*, Philos. Trans. London 153 (1863), p. 610; Papers 3, Cambridge (Londres) 1890, p. 384.

a étant le rayon avant la perturbation, et g l'accélération de la gravité à la surface.

Si le fluide entoure un noyau sphérique de rayon b, on a

$$\sigma^2 = \frac{n(n+1)\left(a^{2n+1} - b^{2n+1}\right)}{(n+1)\,a^{2n+1} + n b^{2n+1}} \left(1 - \frac{3}{2n+1}\frac{\varrho}{\varrho_0}\right)\frac{g}{a},$$

où ϱ_0 est la densité moyenne du fluide et du noyau[331]). Pour une goutte sphérique dans laquelle on néglige la gravitation, en tenant compte de la tension superficielle T, la période d'oscillation du mouvement correspondant est donnée par l'équation[332])

$$\sigma^2 = n(n-1)(n+2)\frac{T}{\varrho a^3}.$$

6. Fluides visqueux.

6a. Transformation des équations du mouvement. Les équations du mouvement des fluides visqueux ont été données [IV 17, **12**]. On peut les écrire comme il suit[333])

$$(1)\begin{cases} \dfrac{\partial u}{\partial t} + 2(w\eta - v\zeta) + \dfrac{\partial}{\partial x}\left(\dfrac{1}{2}q^2\right) = X - \dfrac{1}{\varrho}\dfrac{\partial p}{\partial x} + \dfrac{4}{3}\nu\dfrac{\partial \Theta}{\partial x} - 2\nu\left(\dfrac{\partial \zeta}{\partial y} - \dfrac{\partial \eta}{\partial z}\right), \\ \dfrac{\partial v}{\partial t} + 2(u\zeta - w\xi) + \dfrac{\partial}{\partial y}\left(\dfrac{1}{2}q^2\right) = Y - \dfrac{1}{\varrho}\dfrac{\partial p}{\partial y} + \dfrac{4}{3}\nu\dfrac{\partial \Theta}{\partial y} - 2\nu\left(\dfrac{\partial \xi}{\partial z} - \dfrac{\partial \zeta}{\partial x}\right), \\ \dfrac{\partial w}{\partial t} + 2(v\xi - u\eta) + \dfrac{\partial}{\partial z}\left(\dfrac{1}{2}q^2\right) = Z - \dfrac{1}{\varrho}\dfrac{\partial p}{\partial z} + \dfrac{4}{3}\nu\dfrac{\partial \Theta}{\partial z} - 2\nu\left(\dfrac{\partial \eta}{\partial x} - \dfrac{\partial \xi}{\partial y}\right), \end{cases}$$

ν désignant le coefficient de frottement cinématique.

*Dans le cas du mouvement lent d'un fluide incompressible, les équations du mouvement peuvent s'écrire

$$(2)\qquad\begin{cases} \dfrac{\partial u}{\partial t} = X - \dfrac{1}{\varrho}\dfrac{\partial p}{\partial x} + \nu\Delta u, \\ \dfrac{\partial v}{\partial t} = Y - \dfrac{1}{\varrho}\dfrac{\partial p}{\partial y} + \nu\Delta v, \\ \dfrac{\partial w}{\partial t} = Z - \dfrac{1}{\varrho}\dfrac{\partial p}{\partial z} + \nu\Delta w, \\ \dfrac{\partial u}{\partial x} + \dfrac{\partial v}{\partial y} + \dfrac{\partial w}{\partial z} = 0.^* \end{cases}$$

*Les équations générales (1) ont été récemment l'objet d'études approfondies et d'un intérêt considérable. *H. A. Lorentz*[334]) applique le

331) *H. Lamb*, Hydrodynamics [1]), p. 440.

332) *J. W. Strutt*, Proc. R. Soc. London 29 (1879), p. 97; Papers 1, Cambridge 1899, p. 377; *R. R. Webb*, Messenger math. (2) 9 (1879/80), p. 178.

333) Voir IV 17, n° 7 équation (5). *Des considérations sur la forme que prennent les équations du mouvement quand on tient compte de la capillarité se trouvent dans *D. J. Korteweg*, Archives néerlandaises (2) 6 (1901), p. 1/27.*

334) *Abh. über theoretische Physik 1, Leipzig 1907, p. 23.*

premier les méthodes de *G. Green* à l'étude du mouvement permanent d'un fluide visqueux incompressible. Les formules qu'il obtient permettent de trouver un mouvement permanent d'un fluide indéfini sollicité par des forces extérieures connues[335]). Cette méthode a été reprise et considérablement amplifiée par *C. W. Oseen*[336]) dans de nombreux mémoires.

Le point fondamental des recherches de *C. W. Oseen* est l'établissement de certaines équations intégrales qui généralisent les formules de *G. Green*, et qu'il déduit tout d'abord des équations aux dérivées partielles des fluides visqueux. Ces équations intégrales lui permettent de calculer, dans un fluide visqueux incompressible, les composantes à tout instant, de la vitesse d'un mouvement lent superposé sur un mouvement connu[337]). Par la méthode des approximations successives de *É. Picard* on obtient un système de solutions de ce problème, système qui généralement n'est pas unique, mais qui le devient moyennant certaines conditions d'inégalité simples.

La méthode des approximations successives permet aussi de calculer les vitesses (u, v, w) en tout point, pour un mouvement fini d'un fluide indéfini[338]), au moins pour un certain intervalle de temps. Mais il peut se faire que les calculs manifestent une impossibilité au bout d'un temps fini. Il paraît donc vraisemblable que des irrégularités peuvent naître dans l'intérieur d'un fluide visqueux, même si les forces extérieures et le mouvement initial sont complètement réguliers.

C. W. Oseen[339]) applique sa méthode à des problèmes généraux

---

335) *Acta math. 34 (1911), p. 265. Pour le mouvement permanent lent, voir *T. Boggio,* Atti R. Accad. Lincei, *Rendic.* (5) 19 I (1910), p. 75/81. Dans deux intéressantes études sur les équations des fluides visqueux, déduites de l'analyse vectorielle, *A. Palomby* [Rendic. Accad. Napoli (3) 18 (1912), p 186/97; Giorn. mat. (3) 3 (1912), p. 238/64] a établi la forme absolue des équations de *H. A. Lorentz,* et trouvé l'expression des vitesses au moyen de potentiels harmoniques et biharmoniques, analogues à ceux employés par *C. Somigliana* dans l'étude de la déformation des corps élastiques isotropes [Atti Accad. Torino 42 (1906/7), p. 765].*

336) *Arkiv mat. astron. och fys. (Stockholm) 3 (1906/7), mém. n° 20, p. 1/22; mém. n° 21, p. 1/84; 4 (1907/8), mém. n° 9, p. 1/23; 6 (1909/10), mém. n° 16, p. 1/17; Acta math. 34 (1911), p. 205/84.*

337) *Acta math. 34 (1911), p. 205/84.*

338) *Voir aussi *P. Alibrandi* [Atti Accad. pontif. Nuovi Lincei 26 (1872/3), p. 229/64] qui étudia notamment le problème suivant: déterminer le mouvement d'un fluide visqueux limité par une surface s, connaissant à l'instant initial les vitesses de tous les points, et connaissant le mouvement de s pour toutes les valeurs de t.

339) **C. W. Oseen,* Arkiv mat. astron. och fys. (Stockholm) 7 (1911/2), mém. n° 14, p. 1/13.*

relatifs au cas où les forces extérieures sont décroissantes avec le temps, ou bien sont périodiques, etc.[213]). La même méthode a aussi été généralisée par *C. W. Oseen*[340]) pour les fluides compressibles en mouvement infiniment lent.

C. W. Oseen[341]) a étudié de plus près les équations intégrales auxquelles il avait été conduit par la méthode de *G. Green*. Il a remarqué que ces équations, déduites des équations aux dérivées partielles (1), lesquelles supposent l'existence et la continuité des dérivées telles que

$$\frac{\partial u}{\partial t}, \ldots \frac{\partial^2 u}{\partial x^2}, \ldots \frac{\partial p}{\partial x}, \ldots,$$

possédaient des solutions pour lesquelles ces dérivées n'existaient pas. Ces solutions particulières, ou bien n'ont qu'un sens mathématique, ou bien possèdent une signification physique. *C. W. Oseen* montre que c'est cette seconde interprétation qui est la vraie, en établissant directement les équations intégrales en question, sans passer par l'intermédiaire des équations aux dérivées partielles de l'hydrodynamique habituelle. La théorie gagne ainsi en simplicité et en généralité, et l'on est dispensé dans les démonstrations de tous les raisonnements, généralement pénibles et restrictifs, relatifs à l'existence des dérivées partielles dont on a parlé plus haut.

Opérant directement sur ses équations intégrales, *C. W. Oseen*[342]) étudie la nature des irrégularités ou singularités qui peuvent naître au sein d'un fluide visqueux, dans les conditions établies par ses recherches antérieures. Les singularités trouvées correspondent à la naissance de tourbillons. D'où l'hypothèse que les mouvements irréguliers en question sont des mouvements turbulents[343]).

U. Crudeli[344]) a établi par un procédé nouveau diverses équations intégrales relatives aux fluides visqueux incompressibles; il retrouve certaines formules de *C. W. Oseen* et en établit de nouvelles qui n'ont pas la forme généralisée de *G. Green*, en utilisant les méthodes de *E. Betti*[345]).

L. Amoroso[346]), utilisant également les fonctions de Green, résout complètement et d'une façon très élégante le problème suivant:

---

340) *Acta math. 35 (1912), p. 97/192.*

341) *Arkiv mat. astron. och fys. (Stockholm) 6 (1910/1), mém. n° 23, p. 1/13.*

342) *Beretning om den anden skandinaviske matematikerkongres i København 1911, éd. Copenhague et Christiania 1912, p. 35/40.*

343) *Pour les mouvements turbulents, voir plus loin n° 6e.*

344) *Atti R. Accad. Lincei, *Rendic.* (5) 21 II (1912), p. 231/4, 271/4, 332/4.*

345) *Mem. mat. fis. Soc. ital. delle scienze (3) 1 II (1868), p. 182.*

346) *Atti R. Accad. Lincei, *Rendic.* 21 II (1912). p. 501/8, 580/5; 22 I (1913), p. 147.*

Déterminer quatre fonctions u, v, w, p de x, y, z, t, continues et limitées dans l'espace S occupé par le fluide mobile (surface σ comprise), vérifiant les équations (2); ces fonctions doivent posséder des dérivées partielles premières et secondes par rapport à x, y, z et du premier ordre par rapport à t, ces dérivées étant finies et continues en tout point de S pour $t \geqq t_0$ (instant initial). De plus les vitesses (u, v, w) sont données en tout point de S pour $t = t_0$:

$$\left.\begin{aligned} u(x, y, z, t_0) &= h(x, y, z) \\ v(x, y, z, t_0) &= k(x, y, z) \\ w(x, y, z, t_0) &= l(x, y, z) \end{aligned}\right\} \text{ en tout point de } S,$$

et les vitesses à la surface σ sont données quel que soit t:

$$\left.\begin{aligned} u(x, y, z, t) &= \alpha(x, y, z, t) \\ v(x, y, z, t) &= \beta(x, y, z, t) \\ w(x, y, z, t) &= \gamma(x, y, z, t) \end{aligned}\right\} \text{ sur } \sigma, \text{ quel que soit } t.$$

L. Amoroso montre que la solution existe et est unique, à une constante additive près, pour l'inconnue p. Il fournit le moyen de construire cette solution si les conditions suivantes sont vérifiées:

1°) les fonctions h, k, l ont des dérivées des trois premiers ordres en x, y, z, continues et bornées dans S et sur σ;

2°) les fonctions α, β, γ sur σ sont continues et bornées pour $t \geqq t_0$, ainsi que leurs dérivées des trois premiers ordres par rapport à t;

3°) on a, en désignant par n la demi-normale extérieure à σ au point (ξ, η, ζ),

$$\frac{\partial h}{\partial x} = \frac{\partial k}{\partial y} = \frac{\partial l}{\partial z} = 0$$

sur S,

$$h(x, y, z) = \alpha(x, y, z, t_0), \quad k(x, y, z) = \beta(x, y, z, t_0), \quad l(x, y, z) = \gamma(x, y, z, t_0)$$

sur σ,

$$0 = \int_{(\sigma)} [\alpha(\xi, \eta, \zeta, t)\cos(n, \xi) + \beta(\xi, \eta, \zeta, t)\cos(n, \eta) + \gamma(\xi, \eta, \zeta, t)\cos(n, \gamma)]\, d\sigma$$

$$0 = \frac{d}{dt}\int_{(S)} dx\,dy\,dz \int_{(\sigma)} \frac{\alpha(\xi, \eta, \zeta, t)\cos(n, \xi) + \beta(\xi, \eta, \zeta, t)\cos(n, \eta) + \cdots}{\sqrt{(x-\xi)^2 + (y-\eta)^2 + (z-\zeta)^2}}\, d\sigma.$$

D'un tout autre point de vue à propos des équations générales des fluides visqueux, signalons quelques transformations établies par *L. Zoretti*[347]).*

Dans les mouvements particuliers à deux dimensions d'un liquide incompressible sous l'action de forces conservatives, la fonction de

347) *Bull. Soc. math. France 38 (1910), p. 258/60; C. R. Acad. sc. Paris 151 (1910), p. 1340/2.*

courant ψ vérifie[348]) l'équation

(2) $$\frac{\partial \Delta \psi}{\partial t} - \nu \Delta \Delta \psi = 0,$$

où

$$\Delta \psi = \frac{\partial^2 \psi}{\partial x^2} + \frac{\partial^2 \psi}{\partial y^2}$$

et

$$\Delta \Delta \psi = \frac{\partial^2 \Delta \psi}{\partial x^2} + \frac{\partial^2 \Delta \psi}{\partial y^2};$$

ν désigne le coefficient de viscosité cinématique, défini au n° 12 de l'article IV 17.

S'il s'agit du mouvement d'un liquide incompressible dans des plans passant par Oz, la fonction axiale de courant ψ vérifie l'équation

(3) $$\frac{\partial D \psi}{\partial t} - \nu D D \psi = 0,$$

où

$$D \psi = \frac{\partial^2 \psi}{\partial \varpi^2} + \frac{\partial^2 \psi}{\partial z^2} - \frac{1}{\varpi} \frac{\partial \psi}{\partial \varpi},$$

et où

$$D D \psi = \frac{\partial^2 D \psi}{\partial \varpi^2} + \frac{\partial^2 D \psi}{\partial z^2} - \frac{1}{\varpi} \frac{\partial D \psi}{\partial \varpi}.$$

Dans le mouvement d'un liquide visqueux incompressible sous l'action de forces conservatives, les composantes du vecteur tourbillon vérifient trois équations de la forme[349])

$$\frac{\partial \xi}{\partial t} = \xi \frac{\partial u}{\partial x} + \eta \frac{\partial u}{\partial y} + \zeta \frac{\partial u}{\partial z} + \nu \Delta \xi,$$

où

$$\Delta \xi = \frac{\partial^2 \xi}{\partial x^2} + \frac{\partial^2 \xi}{\partial y^2} + \frac{\partial^2 \xi}{\partial z^2},$$

d'où il résulte que le mouvement tourbillonnaire se propage à travers le liquide un peu à la manière de la chaleur[350]).

Les vitesses correspondant au mouvement irrotationnel d'un fluide parfait incompressible satisfont évidemment aux équations du mouvement d'un fluide visqueux, mais de tels mouvements comportent généralement un glissement aux limites, ils ne sont donc pas possibles dans le cas présent. *D'importantes considérations relatives à l'emploi des

348) *G. G. Stokes,* Trans. Cambr. philos. Soc. 9 II (1850/1), éd. 1851, p. 24, 35; Papers 3, Cambridge 1901, p. 24, 38.

349) *H. Lamb,* Treatise on the mathematical theory of the motion of fluids, Cambridge 1879, p. 243; Hydrodynamics[1]), p. 516.

350) Pour la propagation du mouvement à partir de la limite, voir n° 6c.

351) *Ann. Fac. sc. Toulouse (1) 1 (1887), revue de physique, p. 1/80. Leçons sur la viscosité des liquides et des gaz 1, Paris 1907, p. 30 et suiv.*

352) *Ann. Fac. sc. Toulouse (2) 5 (1903), p. 5/61, 197/255, 353/76; Recherches sur l'hydrodynamique, deuxième série, Paris 1904, p. 1/122.*

équations, et aux conditions aux limites, ont été développées par *M. Brillouin*[351]) et *P. Duhem*[352]).*

Si au début le mouvement d'un liquide visqueux est irrotationnel, le mouvement tourbillonnaire se propagera des limites vers l'intérieur. Cette influence de la viscosité, même à un faible degré, est très remarquable. On a proposé des méthodes ayant pour but la création et l'étude expérimentale de ces mouvements tourbillonnaires dans des fluides visqueux[353]).

6b. Mouvements permanents. Si le mouvement d'un fluide est permanent sous l'action de forces conservatives X, Y, Z, les équations (1) du n° **6a** présentent une difficulté particulière à cause de la présence des expressions

$$(w\eta - v\zeta), \quad (u\zeta - w\xi), \quad (v\xi - u\eta).$$

Si le mouvement est suffisamment lent, on peut les négliger en première approximation, et l'on obtient comme condition[354])

$$\Delta\xi = 0, \quad \Delta\eta = 0, \quad \Delta\zeta = 0.$$

Si ces équations sont remplies, mais si on ne néglige pas les expressions

$$(w\eta - v\zeta), \quad (u\zeta - w\xi), \quad (v\xi - u\eta),$$

une autre condition devient nécessaire pour la permanence du mouvement: elle peut se formuler rigoureusement comme la condition générale[355]) relative au mouvement permanent d'un fluide parfait [voir n° **3f**].

Les équations du mouvement permanent peuvent être vérifiées rigoureusement dans le cas d'un liquide incompressible visqueux enfermé entre deux cylindres de même axe tournant uniformément et indépendamment l'un de l'autre[356]).

Soient a_0 et a_1 leurs rayons, ω_0 et ω_1 leurs vitesses angulaires; les équations donnant le mouvement sont[356])

$$(1)\quad \begin{cases} u = -\omega y, \quad v = \omega x, \quad w = 0, \\ \omega = \dfrac{\omega_0 a_0^2 - \omega_1 a_1^2}{a_0^2 - a_1^2} - \dfrac{a_0^2 a_1^2}{x^2 + y^2}\,\dfrac{\omega_0 - \omega_1}{a_0^2 - a_1^2} \end{cases}$$ [357]).

Il n'existe pas de solution de la forme

$$-\frac{u}{y} = \frac{v}{x} = \omega, \quad w = 0$$

353) Voir note 153.

354) *A. Oberbeck*, J. reine angew. Math. 81 (1876), p. 62/80.

355) *Th. Craig*, Amer. J. math. 3 (1880), p. 269/93.

356) *G. G. Stokes*, Trans. philos. Soc. Cambr. 8 (1842/9), éd. 1849, p. 287/319 [1845]; Papers 1, Cambridge 1880, p. 102 et suiv.

357) Le problème a déjà été traité par *I. Newton*, Philosophiae naturalis principia math., (1re éd.) Londres 1687; Opera, éd. *S. Horsley* 2, Londres 1779, p. 448; trad. *G. E. de Breteuil*, marquise *du Châtelet* 1, Paris 1759, p. 413. *Cf. note 422.*

pour un liquide enfermé entre deux sphères concentriques, à moins que le mouvement soit assez lent pour que l'on puisse négliger les carrés et produits des vitesses; dans ce cas ω a la forme[349])

$$A + \frac{B}{(x^2+y^2+z^2)^{\frac{3}{2}}}.$$

Dans le cas d'une sphère animée d'une rotation uniforme dans un fluide indéfini, *A. N. Whitehead*[358]) a donné une deuxième approximation. Il démontra que le long de l'axe le fluide est entraîné vers la sphère, il s'en éloigne dans la direction de l'équateur. *G. Kirchhoff*[359]) a étudié le mouvement lent d'un liquide incompressible entre deux sphéroïdes homofocaux.

K. Menges[360]) a étudié plus généralement tous les mouvements où le fluide peut être divisé en couches infiniment minces ayant la forme de surfaces de révolution de même axe, et qui pendant le mouvement se comportent séparément comme inextensibles; il généralise les résultats précédents, et observe que l'approximation (due à la considération du mouvement lent) est de plus en plus voisine de la réalité, à mesure que les surfaces limitant le fluide diffèrent moins de formes cylindriques. La stabilité de certains mouvements de ce genre a été étudiée par *W. M. Fadden Orr*[361]).*

Le mouvement lent, permanent d'un liquide visqueux, sous l'action de forces extérieures conservatives, est déterminé par les équations

$$(2)\qquad \begin{cases} \dfrac{\partial}{\partial x}\left(V-\dfrac{p}{\varrho}\right)+\nu\Delta u=0,\\[2mm] \dfrac{\partial}{\partial y}\left(V-\dfrac{p}{\varrho}\right)+\nu\Delta v=0,\\[2mm] \dfrac{\partial}{\partial z}\left(V-\dfrac{p}{\varrho}\right)+\nu\Delta w=0,\\[2mm] \dfrac{\partial u}{\partial x}+\dfrac{\partial v}{\partial y}+\dfrac{\partial w}{\partial z}=0. \end{cases}$$

A. Oberbeck[354]), *Th. Craig*[362]) et *H. Lamb*[363]) ont donné des solutions générales de ces équations en fonctions sphériques.

M. von Smoluchowski[364]) a étudié quelques suppositions qui sim-

358) Quart. J. pure appl. math. 23 (1889), p. 78.

359) Mechanik[8]), p. 376.

360) *Archiv Math. Phys. (3) 18 (1911), p. 327/37.*

361) *Proc. R. Irish Acad. (Dublin) section A, 27 (1906/9), p. 9/68, 69/138.*

362) London Edinb. Dublin philos. mag. (5) 10 (1880), p. 342/57.

363) Proc. London math. Soc. (1) 13 (1881/2), p. 51.

364) *Bull. intern. Acad. sc. Cracovie 1907, éd. 1907, classe sc. math. nat. p. 1/16.*

plifient le problème général de la recherche des vitesses (u, v, w) quand on connaît la vitesse de la surface extérieure du fluide, en introduisant les mouvements qu'il nomme diaphragmatiques, pour lesquels les lignes de courant sont telles qu'aucune d'entre elles n'est entièrement à l'infini.

Sous des conditions tout à fait générales, *A. Korn*[365]) a résolu le problème qu'on vient d'énoncer relativement à la recherche des vitesses; les seules hypothèses nécessaires aux démonstrations de *A. Korn* sont: la continuité (presque partout) des vitesses données à la surface, et l'existence, sur cette surface limite, d'un plan tangent unique et de deux rayons de courbure déterminés; les forces extérieures sont supposées douées d'un potentiel.*

Le problème particulier du mouvement d'une sphère solide mobile dans un fluide indéfini a fait l'objet d'un grand nombre de travaux[366]). Le mouvement lent et permanent du liquide est donné par une fonction axiale de courant[367])

$$\psi = \frac{1}{4} U a^2 \left(\frac{3r}{a} - \frac{a}{r}\right) \sin^2\theta,$$

a étant le rayon de la sphère, U sa vitesse, r et θ les coordonnées polaires d'un point du liquide, le pôle étant le centre de la sphère, l'axe polaire étant la direction du mouvement. La résistance éprouvée par la sphère est une force d'intensité

$$6\pi\mu a U.$$

*Cet important résultat a été utilisé récemment dans l'étude des mouvements browniens [voir les expériences de *J. Perrin*[368])] pour de petits corpuscules sphériques. Le cas des corpuscules de forme irrégulière a été considéré et étudié expérimentalement par *J. Boselli*[369]). Le même résultat a aussi reçu de *H. A. Wilson* et *J. J. Thomson* une autre application physique essentielle relative à la détermination de la charge d'un électron[370]).

365) *Bull. intern. Acad. sc. Cracovie, classe sc. math. nat. 1907, éd. 1907, p. 837/96; Rend. Circ. mat. Palermo 25 (1908), p. 253/71; C. R. Acad. sc. Paris 151 (1910), p. 50/3.*

366) Voir d'abord *G. G. Stokes,* Trans. Cambr. philos. Soc. 9 II (1850/1), éd. 1851, p. 48/51; Papers 3, Cambridge 1901, p. 55; les résultats y sont appliqués au mouvement d'une sphère dans l'air; cf. *H. S. Allen,* London Edinb. Dublin philos. mag. (5) 50 (1900), p. 323/38, 519/34. Voir aussi *H. Lamb*, Hydrodynamics [1]), p. 531.

367) Cf. IV 18, n° **1** f.

368) *C. R. Acad. sc. Paris 147 (1908), p. 457.*

369) *Id. 152 (1911), p. 133/6.*

370) *Voir *J. Roux,* Thèse, Paris 1912.*

La translation lente d'une sphère dans un liquide visqueux a été encore étudiée par *E. Cunningham*[371]), *S. R. Cook*[372]), *A. Korn*[373]), *T. Boggio*[374]), *U. Cisotti*[375]). *C. W. Oseen*[376]) montre que le véritable mouvement du fluide autour de la sphère est très différent, même pour les petites vitesses, de celui obtenu par le procédé décrit plus haut, en utilisant les équations du mouvement lent; il discute la formule obtenue pour la résistance de la sphère. Le même auteur étudie[377]) le mouvement général de la sphère dans le liquide visqueux. Plusieurs de ses résultats sont retrouvés très simplement par *H. Lamb*[378]).

Le mouvement permanent lent d'une goutte fluide sphérique, qui se déplace sans changer de forme dans un liquide visqueux indéfini, a été abordé par *H. S. Allen*[379]) et étudié simultanément par *M. Rybczynski*[380]) et *J. Hadamard*[381]).

Pour mettre d'accord la théorie de *M. Rybczynski* et de *J. Hadamard* avec l'expérience, et notamment avec les expériences de *J. Roux*[382]), *J. Boussinesq*[383]) introduisit l'hypothèse d'une action de viscosité superficielle dans la mince couche de transition séparant deux fluides contigus; il en déduisit une formule applicable exactement à la réalité (par exemple pour le calcul de la vitesse de chute de gouttes mercurielles très petites dans de l'huile de ricin très visqueuse).*

J. Boussinesq[383a]) étudia d'une façon générale le mouvement lent permanent d'une masse liquide pesante, non forcément sphérique, au sein d'une autre masse fluide; il insiste spécialement sur le cas où la première masse affecte la forme d'une surface de révolution.*

Pour un cylindre circulaire, il n'existe pas de solution analogue à celle trouvée pour la sphère, dans le cas où l'on cherche un mouve-

371) *Proc. R. Soc. London 83 A (1910), p. 357/65.*

372) *London Edinb. Dublin philos. mag. (6) 3 (1902), p. 471/82; id. (6) 6 (1903), p. 424/36.*

373) *Rend. Circ. mat. Palermo 25 (1908), p. 253/71.*

374) *Id. 30 (1910), p. 65/81.*

375) *C. R. Acad. sc. Paris 155 (1912), p. 641/4.*

376) *Arkiv mat. astron. och fys. (Stockholm) 6 (1910/1), mém. n° 29, p. 1/20.*

377) *Id. 6 (1910/1), mém. n° 3, p. 1/4; mém. n° 4, p. 1/75; 7 (1911/2), mém. n° 1, p. 1/36.*

378) *London Edinb. Dublin philos. mag. (6) 21 (1911), p. 112/21.*

379) *Id. (5) 50 (1900), p. 223/38.*

380) *Bull. intern. Acad. sc. Cracovie 1911, éd. 1911, classe sc. math. nat., p. 40/6.*

381) *C. R. Acad. sc. Paris 152 (1911), p. 1735/8; id. 154 (1912), p. 109.*

382) *Thèse, Paris 1912.*

383) *C. R. Acad. sc. Paris 156 (1913), p. 983/9, 1035/40; 157 (1913), p. 89/94.*

383a) *Id. 157 (1913), p. 313/8.*

ment permanent[349]). *Il en est de même d'ailleurs si le cylindre n'est pas circulaire, comme l'a démontré *P. Duhem*[384]).*

A. Oberbeck[354]) a obtenu le mouvement résultant de la translation uniforme d'un ellipsoïde, *D. Edwardes*[385]) le mouvement résultant de la rotation uniforme d'un ellipsoïde. Il étudia également le mouvement résultant de la rotation de cylindres elliptiques et de quelques autres cylindres[386]).

*La translation lente d'un solide de révolution dans un liquide visqueux, parallèlement à l'axe de révolution, a été envisagée par *L. Zoretti*[387]) et *E. Zondarini*[388]) qui ont ramené la question à la recherche d'une fonction de courant satisfaisant à une équation aux dérivées partielles du quatrième ordre.

J. Boussinesq[389]) a étendu au cas d'un ellipsoïde à trois axes inégaux, en translation uniforme, les méthodes qu'il avait autrefois découvertes pour le cas de la sphère.*

R. A. Sampson[390]) a discuté des courants lents du genre axial près d'un sphéroïde, et à l'intérieur d'un hyperboloïde de révolution à une nappe. Il a en outre traité en détail les cas particuliers d'un courant dans le voisinage d'un disque plan circulaire, et à travers une ouverture plane circulaire. Ici la vitesse n'a pas la propriété d'augmenter considérablement auprès des arêtes vives. *J. W. Strutt*[391]) a étudié quelques mouvements à deux dimensions provenant de sources positives et négatives dans des limites circulaires. Il combina dans ce but des fonctions de courant possibles de deux espèces, savoir

$$\frac{(1 - r^2) r \sin \theta}{1 - 2r \cos \theta + r^2} + 2 \operatorname{arc\,tang} \frac{r \sin \theta}{1 - r \cos \theta}$$

384) *Ann. Fac. sc. Toulouse (2) 5 (1903), p. 206; Recherches sur l'hydrodynamique, deuxième série, Paris 1904, p. 48. Voir sur ce sujet, *M. Brillouin*, Leçons sur la viscosité des liquides et des gaz 1, Paris 1907, p. 61 et suiv.; *J. Boussinesq*, Ann. Éc. Norm. (3) 29 (1912), p. 538/87, notamment p. 568 et suiv. Relativement aux cylindres, voir aussi *R. Gans*, Sitzgsb. Akad. München, math. phys. Klasse 1911, p. 191/203.*

385) Quart. J. pure appl. math. 26 (1893), p. 70.

386) Id. 26 (1893), p. 157.

387) *Bull. Soc. math. France 38 (1910), p. 261/3.*

388) *Atti R. Accad. Lincei *Rendic.* (5) 20 I (1911), p. 338/42.*

389) *C. R. Acad. sc. Paris 155 (1912), p. 5; Ann. Éc. Norm. (3) 29 (1912), p. 537/87. Voir aussi un Mémoire de *A. Lienard* ayant obtenu à l'Académie des sciences de Paris le prix Vaillant pour 1911 [Rapport de *J. Boussinesq*, C. R. Acad. sc. Paris 153 (1911), p. 1286].*

390) Philos. Trans. London 182 A (1891), p. 493/518.

391) London Edinb. Dublin philos. mag. (5) 36 (1893), p. 354/72 [1890]. *J. W. Strutt* [id. (6) 21 (1911), p. 697/711] a traité aussi d'autres formes de solides dans le fluide visqueux.*

et

$$\frac{(1-r^2)^2}{1-2r\cos\theta+r^2}.$$

Il discuta le problème du mouvement à deux dimensions dans le voisinage d'un plan présentant de petites irrégularités, et donna une deuxième approximation, en tenant compte des carrés et produits des vitesses[391]). *D'autres problèmes particuliers très nombreux ont été approfondis et discutés par *M. Brillouin*[384]).*

Les équations (2) supposent que le mouvement est essentiellement régi par les lois de la viscosité. L'application pratique exige de fortes réserves. Par exemple l'application des formules relatives à la translation uniforme d'une sphère exige que Ua soit petit par rapport à ν *et cette condition n'est peut-être pas toujours suffisante[392]).* La théorie et l'expérience s'accordent toujours bien dans le cas de fluides en couches minces. C'est ce qu'ont montré les expériences de *H. S. Hele-Shaw*[29]) et l'explication donnée par *O. Reynolds*, comme conséquence des équations, de la grande pression régnant dans la couche d'huile qui sert à graisser une machine[393]).

6c. Mouvements variables et périodiques. Si le mouvement est lent et non permanent, on admet souvent que u, v, w, comme fonctions de t, sont proportionnels à $e^{-\nu k^2 t}$, k étant en général complexe. Si le fluide est incompressible, les équations sont

$$(1)\qquad\left\{\begin{aligned}&\nu\Delta u+\nu k^2 u+\frac{\partial}{\partial x}\left(V-\frac{p}{\varrho}\right)=0,\\&\nu\Delta v+\nu k^2 v+\frac{\partial}{\partial y}\left(V-\frac{p}{\varrho}\right)=0,\\&\nu\Delta w+\nu k^2 w+\frac{\partial}{\partial z}\left(V-\frac{p}{\varrho}\right)=0,\\&\frac{\partial u}{\partial x}+\frac{\partial v}{\partial y}+\frac{\partial w}{\partial z}=0.\end{aligned}\right.$$

Dans chaque problème particulier, les valeurs de k sont déterminées par les conditions aux limites, et l'on peut obtenir des solutions plus générales en combinant des solutions particulières. Si

$$\nu k^2=\frac{1}{\tau}\pm i\sigma,$$

le mouvement est périodique avec une amplitude décroissante, chaque

392) *Voir *C. W. Oseen*, Arkiv mat. astron. och fys. (Stockholm) 6 (1910/1), mém. n° 29, p. 1/20.*

393) Philos. Trans. London 177 (1886), p. 157/234; cf. aussi *N. E. Žukovskij* (*Joukowsky*), Žurnal russkago fisiko-chimičeskago obščestva (St Pétersbourg) 18 (1886), p. 209/15.

intervalle de temps τ la diminuant dans le rapport e^{-1}. Si τ est grand, cette extinction du mouvement oscillatoire est donc très lente.

Le mouvement communiqué à un fluide visqueux par un disque oscillant dans son plan a été étudié par *G. G. Stokes*[348]).

**O. E. Meyer*[394]) introduisit diverses considérations pour améliorer la théorie de l'oscillation des disques; ses études furent suivies de tentatives de *L. Grossmann*[395]) et *W. Kœnig*[396]), qui furent discutées et approfondies par *M. Brillouin*[397]).*

Si la vitesse du disque est de la forme

$$u_0 \cos \sigma t,$$

la résistance pour une surface unité est

$$\varrho u_0 \sqrt{\nu\sigma} \cos\left(\sigma t + \frac{\pi}{4}\right).$$

Ce résultat est important à cause de son application à l'étude expérimentale de la viscosité[398]).

Si une sphère est animée d'un mouvement de translation oscillatoire de période $\frac{2\pi}{\sigma}$, la résistance est[399])

$$\frac{1}{2} m \left\{\left(1 + \frac{9\sqrt{\nu}}{a\sqrt{2\sigma}}\right)\frac{dU}{dt} + \frac{9\sqrt{\nu\sigma}}{a\sqrt{2}}\left(1 + \frac{\sqrt{2\nu}}{a\sqrt{\sigma}}\right) U\right\},$$

les notations étant celles du nº **6b**, m étant la masse du fluide déplacé[400]). Ce résultat donne la correction relative à l'inertie effective et l'amortissement des oscillations pour un pendule oscillant dans un

---

394) J. reine angew. Math. 59 (1861), p. 239/303; 62 (1863), p. 201/14.

395) *Diss. Breslau 1881; Ann. Phys. und Chemie, Dritte Folge 16 (1882), p. 619.*

396) *Id. 32 (1887), p. 216.*

397) *Viscosité[384]) 1, p. 105 et suiv. Voir aussi *C. Zakrewski* [Bull. intern. Acad. sc. Cracovie 1912, éd. 1913; classe sc. math. nat., p. 235/42].*

398) Voir note 439.

399) **S. D. Poisson*, Mém. Acad. sc. Institut France (2) 11 (1832), p. 521/81;* *G. G. Stokes*, Trans. Cambr. philos. Soc. 9 II (1850/1), éd. 1851, p. 31/3; Papers 3, Cambridge 1901, p. 33/4; *O. E. Meyer*, J. reine angew. Math. 73 (1871), p. 31/68, **J. Boussinesq*, C. R. Acad. sc. Paris 100 (1885), p. 935; Théorie analytique de la chaleur 2, Paris 1903, p. 199/264 (note 1);* *H. Lamb*, Hydrodynamics[1]), p. 710; *O. E. Meyer* [J. reine angew. Math. 75 (1873), p. 336/47] tient compte de la compressibilité de l'air. *Comparer les observations de *P. L. G. du Buat*, Principes d'hydraulique et de pyrodynamique 2, Paris 1786, p. 226/82.*

Les formules de *J. Boussinesq* sont parfois attribuées à *A. B. Basset*, par exemple par *G. Picciati* [Atti R. Accad. Lincei, *Rendic.* (5) 16 II (1907), p. 45], mais la priorité appartient à *J. Boussinesq*, le mémoire de *A. B. Basset* ayant été publié en 1887 [Philos. Trans. London 179 A (1888), p. 43/63 [1887]].

400) *Voir l'étude et la discussion du mouvement lent de translation d'une sphère, dans *M. Brillouin*, Viscosité[384]) 1, p. 79.*

fluide visqueux. *J. Boussinesq* l'a obtenu comme cas particulier du résultat relatif à une translation lente rectiligne quelconque d'une sphère primitivement au repos dans un liquide indéfini sans pesanteur. Si

$$U = F'(t)$$

est la vitesse de la sphère, la résistance qu'elle éprouve est

$$6\pi\mu a U + \frac{m}{2}\frac{dU}{dt} + 6\sqrt{\pi\varrho\mu}\, a^2 \int_{-\infty}^{t} \frac{F''(\tau)d\tau}{\sqrt{t-\tau}}.$$

Ce résultat se généralise pour des translations non rectilignes.

La théorie générale a été faite complètement par *J. Boussinesq*[399]). Elle a été reprise depuis par *G. Picciati*[401]), qui considéra et intégra l'équation fonctionnelle qui régit la chute verticale d'une sphère pesante partant du repos dans le fluide visqueux. Cette intégration fut effectuée à nouveau, sous une forme très élégante et plus générale, par *T. Boggio*[402]) qui supposa la sphère animée initialement d'une vitesse verticale, et le fluide animé à cet instant d'un mouvement connu (symétrique autour de la verticale du centre de la sphère).

J. Stock[403]) a étudié le mouvement d'une sphère qui se déplace dans un fluide visqueux le long d'une paroi plane; *M. Smoluchowski*[404]) a étudié l'action réciproque de deux sphères mobiles dans un fluide visqueux.

La méthode de *J. Boussinesq* s'étend au cas d'un cylindre circulaire animé d'un mouvement de translation normal à son axe[405]). Ce même problème a été étudié aussi par *G. Picciati*[406]).*

A. B. Basset[407]), qui considéra un cas particulier du mouvement rectiligne d'une sphère, étudia également le mouvement produit par une sphère qui tourne sans forces extérieures autour d'un diamètre.

401) *Atti R. Accad. Lincei, *Rendic.* (5) 16 I (1907), p. 943/51; (5) 16 II (1907), p. 45/50.*

402) *Atti R. Accad. Lincei, *Rendic.* (5) 16 II (1907), p. 613/20, 730/6. Voir aussi *A. B. Basset* [Quart. J. pure appl. math. 41 (1910), p. 369/81] et *J. W. Strutt*, London Edinb. Dublin philos. mag. (6) 21 (1911), p. 697/711.*

403) *Bull. intern. Acad. sc. Cracovie 1911, éd. 1911, classe sc. math. nat., p. 18/27.*

404) *Bull. intern. Acad. sc. Cracovie 1911, éd. 1911, classe sc. math. nat., p. 28/39; *C. W. Oseen* [Arkiv mat. astron. och fys. (Stockholm) 7 (1911/2), mém. n° 33, p. 1/9] fait remarquer que les considérations de *M. von Smoluchowski* ne sont valables que pour deux sphères très petites et très voisines l'une de l'autre.*

405) *C. R. Acad. sc. Paris 100 (1885), p. 974; Chaleur[399]) 2, p. 244 et suiv.*

406) *Atti R. Accad. Lincei, *Rendic.* (5) 16 II (1907), p. 174/84.*

407) Philos. Trans. London 179 A (1888), p. 43/63 [1887].

Si une sphère creuse de rayon intérieur a contenant un fluide visqueux incompressible est assujettie à exécuter de petites oscillations angulaires de période $\frac{2\pi}{\sigma}$, le liquide tourne sur la sphère concentrique de rayon r avec la vitesse angulaire

$$\omega \frac{\psi_1(hr)}{\psi_1(ha)},$$

ω désignant la vitesse angulaire de la sphère à un instant quelconque, h^2 désignant $\frac{i\sigma}{\nu}$, et $\psi_k(x)$ désignant l'expression

$$-\frac{1}{x}\frac{d^k\left(\frac{1}{x}\sin x\right)}{dx^k}$$

La résistance est donnée par un couple de moment

$$2m\nu\omega h^2a^2\frac{\psi_2(ha)}{\psi_1(ha)},$$

m étant la masse du liquide. Si l'on suppose un glissement aux limites soumis à la condition de l'article IV 17, **12**, le problème se complique un peu seulement.

Ces résultats ont été appliqués au calcul de ν d'après les observations du mouvement d'une sphère creuse remplie de liquide oscillant à l'extrémité d'un fil de torsion vertical[408]). Toutefois cette méthode n'est pas susceptible d'une grande précision[409]).

J. Buchanan[410]) a trouvé la solution pour un sphéroïde oscillant dans la direction de son axe. **K. Menges*[411]) a étudié le cas d'un certain nombre d'autres solides, et décrit des expériences correspondantes.* *H. Lamb*[363]) a donné des solutions générales des équations (1) en fonctions sphériques dans le cas des oscillations d'une sphère dont les éléments s'attirent suivant la loi de Newton. Le temps τ, pendant lequel l'amplitude de l'oscillation décroît dans le rapport $\frac{1}{e}$, s'exprime par des fonctions sphériques d'ordre n; sa valeur est[363])

$$\frac{a^2}{(n-1)(2n+1)\nu}.$$

Les équations (1) ont été appliquées par *G. G. Stokes* à la détermination du mouvement ondulatoire dans le cas d'une profondeur in-

408) *H. von Helmholtz* et *G. von Piotrowski*, Sitzgsb. Akad. Wien 40 II (1860), p. 607/58; *H. von Helmholtz*, Wiss. Abh. 1, Leipzig 1882, p. 172; *H. Lamb*, Hydrodynamics [1]), p. 563.

409) *W. C. D. Whetham*, Philos. Trans. London 181 A (1890), p. 559/82. *Voir *M. Brillouin*, Viscosité[384]) 1, p. 101.*

410) Proc. London math. Soc. (1) 22 (1890/1), p. 181/214.

411) *Z. Math. Phys. 60 (1912), p. 113/36.*

finie en tenant compte de la viscosité[412]). Si ν est grand le liquide s'approche asymptotiquement de la position d'équilibre sans osciller. Si ν est petit, il existe une solution approchée pour les ondes périodiques simples de faible amplitude se propageant à la surface. Le mouvement est déterminé par un potentiel de vitesses de la forme

$$\varphi = Ae^{-2\nu k^2 t + ky + i(kx \pm \sigma t)},$$

l'axe des y étant vertical dirigé vers le bas, issu de la surface libre. $\frac{2\pi}{k}$ serait la longueur des ondes, $\frac{\sigma}{k}$ leur vitesse de propagation pour le liquide parfait.

Ces méthodes fournissent en outre une explication de l'action calmante de l'huile sur les vagues[413]) et du mouvement ondulatoire produit par le vent. Dans ce dernier cas la théorie est d'accord avec les observations de *J. Scott Russell*[241]), qui établissent qu'un vent dont la vitesse est inférieure à 23 centimètres par seconde n'engendre pas d'ondes du type permanent à la surface d'une eau tranquille[414]).

A. B. Basset[415]) et *S. S. Hough*[416]) ont étendu la théorie de l'extinction du mouvement ondulatoire par les frottements intérieurs à un liquide de profondeur infinie. *S. S. Hough* expliqua certains phénomènes qui se présentent dans les courants de l'océan, en utilisant le fait que, en général, les mouvements ondulatoires et autres mouvements lents en eau profonde s'éteignent très graduellement. *Sur le même sujet *L. E. Bertin* a publié divers importants mémoires dont il a été question plus haut n° **5**g.*

Si un liquide incompressible est animé d'un mouvement qui n'est ni lent ni permanent, dans lequel u, v, w sont proportionnels à $e^{-\nu k^2 t}$, si les lignes de courant coïncident avec les lignes de tourbillon, ou plus généralement si les quantités

$$2(w\eta - v\zeta), \quad 2(u\zeta - w\xi), \quad 2(v\xi - u\eta)$$

dérivent d'un potentiel Ω, les équations (1) du n° **6a** se ramènent à

412) *G. G. Stokes*, Trans. Cambr. philos. Soc. 9 II (1850/1), éd. 1851, p. 59/62; Papers 3, Cambridge 1901, p. 71/5; *H. Lamb*, Hydrodynamics[1]), p. 547; éd. allemande[275]), p. 545.

413) *O. Reynolds*, Report Brit. Assoc. 50, Swansea 1880, éd. Londres 1880, p. 489/90; *H. Lamb*, Hydrodynamics[1]), p. 552.

414) *W. Thomson*[262]); *H. Lamb*, Hydrodynamics[1]), p. 549; éd. allemande[275]), p. 546.

415) Hydrodynamics[1]) 2, p. 313; Amer. J. math. 16 (1894), p. 93/110, où se trouve un exposé général de la théorie des ondes dans les liquides visqueux. *Voir aussi les travaux essentiels de *J. Hadamard* et *P. Duhem*, dont il sera question au n° **6**f.*

416) Proc. London math. Soc. (1) 28 (1896/7), p. 264/88.

la forme

$$\begin{cases} \nu\Delta u + \nu k^2 u + \dfrac{\partial W}{\partial x} = 0, \\ \nu\Delta v + \nu k^2 v + \dfrac{\partial W}{\partial y} = 0, \\ \nu\Delta w + \nu k^2 w + \dfrac{\partial W}{\partial z} = 0, \\ \dfrac{\partial u}{\partial x} + \dfrac{\partial v}{\partial y} + \dfrac{\partial w}{\partial z} = 0, \end{cases}$$

où l'on a posé

$$W = V - \frac{p}{\varrho} - \frac{1}{2} q^2 - \Omega;$$

dans le cas où il y a coïncidence entre lignes de tourbillons et lignes de courant, on supprimerait Ω. Dans les deux cas il existe une équation de pression qui peut s'écrire[417])

$$\Delta W = 0.$$

La forme de l'équation de pression dans le cas général a été considérée par *J. Brill*[418]), au moyen de la transformation (7) de l'article IV 17, nº 7.

6d. Mouvements par lames. Les équations du mouvement d'un fluide visqueux ont été appliquées au problème de l'écoulement d'un liquide incompressible dans des tuyaux inclinés ou des canaux de section uniforme[419]). Si α désigne l'inclinaison du tuyau, si l'axe des x est porté par la ligne des centres de gravité des sections, si le plan des xy est vertical, si enfin l'on suppose

(1) $$v = 0, \quad w = 0, \quad p = g\varrho y \cos\alpha - Ax + \text{const.},$$

u est une fonction de y et z indépendante de x, qui vérifie l'équation

(2) $$\nu\left(\frac{\partial^2 u}{\partial y^2} + \frac{\partial^2 u}{\partial z^2}\right) + \frac{A}{\varrho} + g \sin\alpha = 0,$$

---

417) *V. Steklov*, Soobščěnija Charïkowskago matěmatičeskago Obščěstva (Communications Soc. math. Kharkov) (2) 5 (1897), p. 101/24 [1896]; *P. A. Šiff* (*Schiff*), Jzvěstija Obščěstva lïubitelej estestvoznanija 93 II, Trudy Otdělenija fizičeskich nauk 9 II (1898), p. 1/10 [1897]. Cf. *J. Brill*, Messenger math. (2) 27 (1897/8), p. 147/52 où sont remplies les conditions pour que les filets de tourbillon soient constamment formés des mêmes particules.

418) Proc. London math. Soc. (1) 26 (1894/5), p. 474/81.

419) *G. G. Stokes*, Trans. Cambr. philos. Soc. 8 (1842/9), éd. 1849, p. 304 [1845]; Papers 1, Cambridge 1880, p. 105; *J. Boussinesq*, J. math. pures appl. (2) 13 (1868), p. 377/424; Mém. présentés Acad. sc. Institut France (2) 23 (1877), mém. nº 1, p. 666/80.

L. Grätz [Z. Math. Phys. 25 (1880), p. 316/34, 375/404] et *A. G. Greenhill* [Proc. London math. Soc. (1) 13 (1881/2), p. 43/6] s'occupent de la résolution de l'équation (2) en u. Le problème est mathématiquement identique à celui du mouvement d'un liquide incompressible sans viscosité, dans un prisme de même section que le tuyau, animé d'un mouvement de rotation [nº 1d].

et s'annule aux limites de la section. La constante A représente la quantité dont s'accroît la pression quand on avance de l'unité de longueur le long du tuyau. Si le liquide coule entre deux plans parallèles, on a

$$(4) \qquad \begin{cases} u = \frac{3}{2} U \left(1 - \frac{y^2}{c^2}\right) \\ U = \frac{a^2}{3\nu}\left(\frac{A}{\varrho} + g \sin \alpha\right), \end{cases}$$

$2c$ étant la distance des deux plans, U la vitesse moyenne. Si le tuyau a pour section un cercle de rayon a, on a

$$(4) \qquad \begin{cases} u = 2\, U \left(1 - \frac{r^2}{a^2}\right), \\ U = \frac{a^2}{8\nu}\left(\frac{A}{\varrho} + g \sin \alpha\right), \end{cases}$$

r désignant la distance à l'axe du point considéré.

Ces mêmes équations sont valables avec $A = 0$ pour un canal découvert ayant pour forme la moitié inférieure du tuyau. La surface libre est alors le plan des zx.

La formule relative à un tuyau circulaire a été confirmée par les expériences de *J. L. M. Poiseuille*[420]) qui ont permis en même temps les déterminations les plus précises de ν. La résultante

$$R \chi \delta x$$

des résistances tangentielles, auquelles un liquide coulant dans un tuyau incliné est soumis de la part de la portion de paroi comprise entre deux sections droites de distance δx, est donnée, en se conformant aux hypothèses précédentes, par la formule

$$R = \frac{\Omega}{\chi}(g\varrho \sin \alpha + A),$$

Ω désignant l'aire, χ le périmètre de la section droite. Elle est proportionnelle à la vitesse moyenne U. Cette formule est un cas particulier de la suivante

$$R = \frac{\Omega}{\chi}\left[g\varrho \sin \alpha - \frac{1}{\Omega}\int \frac{\partial p}{\partial x}\, d\Omega\right] + \frac{1}{\chi}\int \left(2\mu \frac{\partial^2 u}{\partial x^2} - \varrho \frac{\delta u}{\delta t}\right) d\Omega .$$

Dans le genre de mouvement considéré il n'y a aucune modification dans la propagation du mouvement tourbillonnaire signalé

420) Voir IV 17, note 108. *Pour la théorie voir *J. Boussinesq* [C. R. Acad. sc. Paris 65 (1867), p. 46] et *M. Brillouin,* Viscosité[384]) 1, p. 143 et suiv.* Des indications sur le cas des tubes capillaires et sur la stabilité des mouvements correspondants se trouvent dans *H. C. Wolff* [Trans. Wisconsin Acad. sc. 12 (1899), p. 550/3].

dans le n° 6a. Le liquide est disposé par couches de vitesse constante; de tels mouvements sont appelés *mouvements par lames* ou *mouvements réguliers.*

Les mouvements qui viennent d'être étudiés sont permanents, or certains mouvements lents variables peuvent s'obtenir en supposant

$$V - \frac{p}{\varrho}$$

constant, on utilise alors des méthodes analogues à celles qu'on emploie dans l'étude de la conductibilité de la chaleur[420a]). La vitesse d'un mouvement par lames entre deux plans $y =$ const. est donnée par l'équation

$$\frac{\partial u}{\partial t} = \nu \frac{\partial^2 u}{\partial y^2}.$$

Cette équation permet d'obtenir le mouvement sur un côté d'un plan indéfini animé d'un mouvement donné[420a]). Une autre application a été faite par *J. W. Strutt* (lord *Rayleigh*) dans sa démonstration[421]) de l'instabilité des mouvements discontinus. Si l'on admet que, au début, $u = u_0$ ou $u = -u_0$ suivant que y est positif ou négatif, u est donné au bout du temps t par l'équation

$$u = \frac{2u_0}{\sqrt{\pi}} \int_0^{\frac{y}{2\sqrt{\nu t}}} e^{-\theta^2} d\theta,$$

en supposant le fluide illimité.

H. Stearn[422]) a traité des problèmes analogues relatifs au mouvement entre deux cylindres de même axe (Oz), w étant supposé fonction de la distance à l'axe.

*Les expériences et la théorie de *J. L. M. Poiseuille* permettent, comme on l'a vu, d'étudier le mouvement des liquides dans les tubes minces. Pour les tubes *très* minces, une difficulté spéciale apparaît, due au fait que tout mouvement cesse à partir d'une certaine limite de petitesse du tube. Cette anomalie a été étudiée par *R. Reiger*[423]); aux

---

420a) *G. Stokes*[348]), Papers 3, p. 19.

421) Proc. math. Soc. London (1) 11 (1879/80), p. 57; Papers 1, Cambridge 1899, p. 474.

422) Quart. J. pure appl. math. 17 (1881), p. 90/104. La rotation variable entre des surfaces cylindriques de même axe a été traitée encore par *J. H. Röhrs* [Proc. London math. Soc. (1) 5 (1873/4), p. 125/39] et *M. Margules* [Sitzgsb. Akad. Wien 83 II (1881), p. 588/606; 85 II (1882), p. 343/68]. *Des expériences très précises de *M. Couette* [IV 17, note 106] permettent d'en déduire le coefficient de viscosité d'un liquide.*

423) *Sitzgsb. phys.-medic. Soc. Erlangen 38 (1906), éd. 1907, p. 203/18.*

recherches de ce dernier se rattachent aussi diverses expériences de *H. Sanders*[424]) relatives au mouvement d'un fluide sous un disque circulaire en rotation.*

6e. Mouvements turbulents. *Les expériences de *J. L. M. Poiseuille*[425]) sur l'écoulement des liquides dans des tubes capillaires, permettent de calculer le coefficient de viscosité ν. Si l'on essaie d'appliquer la valeur ainsi obtenue à l'écoulement de l'eau dans des tuyaux ou des canaux de large section, la théorie semble tout à fait en défaut; les vitesses calculées sont beaucoup plus considérables que celles que l'on observe.*

De même, dans le mouvement par lames d'un liquide dans un tuyau, la résistance

$$R = \frac{\Omega}{\chi}(g\varrho \sin\alpha + A)$$

est proportionnelle à la vitesse moyenne U, or ce second membre peut être mesuré expérimentalement ainsi que U. La proportionnalité n'existe que dans les cas de tuyaux de faible section et de petites vitesses. Pour des tuyaux larges et des vitesses plus grandes, cette quantité est plus exactement proportionnelle à U^2. On dit dans le premier cas que la résistance est proportionnelle à U, dans le deuxième à U^2.

On a pu expliquer ces divergences en remarquant que, dès que les vitesses dépassent certaines valeurs critiques, la parfaite continuité des mouvements cesse, faisant place à des mouvements irréguliers et tourbillonnants[426]), dans lesquels les particules décrivent des trajectoires enchevêtrées et produisent ainsi des résistances bien supérieures à celles qui correspondraient à un mouvement par lames avec la même vitesse moyenne. La vitesse moyenne qui s'établit est donc bien inférieure à celle qui s'établirait dans un mouvement par lames pour un même système de valeurs de A et de α.

J. Boussinesq[427]) le premier traita la question analytiquement en considérant la vitesse en un point comme composée de deux vitesses:

---

424) *Verhandl. deutsch. phys. Ges. 14 (1912), p. 797/805.*

425) Voir IV 17, note 108.

426) C'est, à ce qu'il semble, le véritable résultat des expériences; la résistance n'est pas mesurable directement. Pour ce qui est des résultats expérimentaux obtenus, nous renvoyons à *H. Darcy*, Recherches expérimentales relatives au mouvement de l'eau dans les tuyaux [Mém. présentés Acad. sc. Institut France (2) 15 (1858), p. 141] et *H. E. Bazin* [id. (2) 19 (1865), mém. n° 1].

427) Ces mouvements irréguliers et tourbillonnants („eddies") sont différents des mouvements tourbillonnaires („vortices") traités mathématiquement ci-dessus. Les mouvements par lames des fluides visqueux sont des mouvements

1°) une vitesse u_0 indépendante du temps,

2°) une vitesse dont les composantes u', v', w' en un point dépendent du temps de façon que leurs valeurs moyennes prises pendant un intervalle de temps assez court τ soient nulles.

Il a établi que, sous certaines conditions, les équations (3) du mouvement [IV 17, **12**] sont remplies par u_0, si l'on remplace ν par une fonction de u', v', w', dépendant ainsi uniquement de l'intensité de l'agitation au point considéré. Cette fonction est appelée *coefficient de frottement intérieur* ou *de turbulence.*

J. Boussinesq n'a pas explicité cette fonction de u', v', w', mais il admet que u', v', w' croissent avec la distance à la paroi et avec d'autres circonstances analogues, que le coefficient de turbulence est proportionnel au „rayon hydraulique moyen" $\frac{\Omega}{\chi}$, à la valeur moyenne de u_0 près de la limite, et à une certaine fonction des coordonnées du point considéré de la section, fonction qui a un coefficient constant croissant avec la rugosité des parois.

Ce sujet a été étudié expérimentalement plus tard par *O. Reynolds*[428]) à l'aide de filets minces d'un liquide coloré qu'il introduisait dans l'axe d'un tube de verre parcouru par un courant de liquide incolore.

Pour des vitesses suffisamment petites, le mouvement du filet central était rectiligne, mais dès que la vitesse atteignait une certaine limite, le liquide coloré se dispersait dans le tube, accusant ainsi la production de mouvements irréguliers et tourbillonnants. Puisqu'un mouvement par lames avec une vitesse moyenne arbitraire donnée dans un tuyau quelconque est toujours théoriquement possible, c'est donc que les mouvements par lames sont instables dans des tuyaux larges et pour de grandes vitesses. Appliquant le principe de similitude dynamique[429]) aux équations (3) de l'article [IV 17

---

tourbillonnaires dans le dernier sens. L'opinion que le „tourbillon" est la base du changement dans la loi de la résistance a déjà été formulée par *B. de Saint Venant*, Ann. des mines (4) 20 (1851), p. 229; elle a été admise par *J. Boussinesq* [*C. R. Acad. sc. Paris 74 (1872), p. 1026;* Mém. présentés Acad. sc. Institut France (2) 23 (1877), mém. n° 1, p. 22/162] et *G. G. Stokes* [Papers 1, Cambridge 1880, p. 99]. **H. Darcy*[426]) [Mém. présentés Acad. sc. Institut France (2) 15 (1858), p. 330/1] signala également ce passage du régime régulier au régime irrégulier.*

428) Philos. Trans. London 174 A (1883), p. 935; Papers 2, Cambridge 1900, p. 535.

429) *J. W. Strutt*, The theory of sound, (1re éd.) 2, Londres 1878, p. 287; cf. *H. von Helmholtz,* Monatsb. Akad. Berlin 1873, p. 501; Wiss. Abh. 1, Leipzig 1882, p. 158.

n° **12**], il conclut que si un mouvement par lames de vitesse moyenne U dans un tuyau circulaire de rayon a devient instable quand U augmente, il est stable ou instable selon que $\frac{Ua}{v}$ est inférieur ou supérieur à une certaine valeur critique[430]). Pour l'eau, *O. Reynolds* trouva que la valeur critique de $\frac{Ua}{v}$ est comprise entre 950 et 1000, et montra l'accord de ces résultats avec les expériences de *J. L. M. Poiseuille*[425]) et de *H. Darcy*[426]).

Dans ses recherches théoriques, *O. Reynolds*[431]) modifia l'hypothèse énoncée plus haut de *J. Boussinesq*: il supposa notamment que les vitesses additionnelles u', v', w' sont, en première approximation, périodiques pour de petites longueurs et de petits intervalles de temps, et montra que cette hypothèse conduit à une vitesse moyenne dans un tuyau donné notablement inférieure à celle qui correspond au mouvement par lames.

*La détermination de la „vitesse critique" a fait l'objet, à la suite des recherches de *O. Reynolds*, de nouvelles recherches de *F. R. Sharpe*[432]) qui trouve des valeurs beaucoup moindres pour le rapport $\frac{Ua}{v}$. *W. M. Fadden Orr*[433]) étudie la stabilité pour un tuyau circulaire ou de section annulaire. A cette étude se rattachent les expériences de *S. D. Carothers*[434]). Il faut également signaler les études de *V. W. Ekman*[435]), *Mary Menneret*[436]) et *A. H. Gibson*[437]).*

Le mode de mouvement d'une eau qui coule en apparence uniformément dans un tuyau, mais en fait d'une manière essentiellement irrégulière se rencontre aussi, comme le montre l'observation, pour d'autres mouvements en apparence permanents[438]). Ces mouvements s'appellent „mouvements turbulents". Les nombreuses recherches expéri-

430) L'existence d'une valeur critique avait déjà été remarquée par *G. H. L. Hagen*, Abh. Akad. Berlin 1854, éd. 1855, math. Abh. p. 17.

431) *O. Reynolds*, Philos. Trans. London 186 A (1895), p. 123/64. *Voir aussi *H. A. Lorentz*, Abh. über theoretische Physik 1, Leipzig 1907, p. 43.*

432) *Trans. Amer. math. Soc. 6 (1905), p. 496/503.*

433) *Proc. Irish Acad. (Dublin) section A, 27 (1906/9), p. 9/68, 69/138.*

434) *Proc. R. Soc. London 87 A (1912), p. 154/63.*

435) *Arkiv mat. astron. och fys. (Stockholm) 6 (1910/1), mém. n° 12, p. 1/16.*

436) *Ann. Univ. Grenoble 23 (1911), p. 202/364.*

437) *Mem. and proc. of the Manchester liter. and philos. Soc. 55 (1910/1), mém. n° 7, p. 1/19.*

438) *J. Boussinesq*, Mém. présentés Acad. sc. Institut France (2) 23 (1877), mém. n° 1, p. 666; *O. Reynolds*, Philos. Trans. London 174 III (1884), p. 941; *N. E. Žukovskij* (*Joukowsky*) Izvěstija Obščestva lĭubitelej estestvoznanija 73 I, Trudy Otdělenija fiziueskich nauk 4 I (1891), p. 21/4. Voir aussi IV 20.

mentales sur la résistance des fluides, telles que par exemple le disque oscillant de *J. Coulomb*[439]), la plaque de *W. Froude*[440]) ont montré que dans ces autres cas la résistance est aussi plus exactement proportionnelle au carré de la vitesse qu'à sa première puissance[441]). Ces résultats mettent en évidence l'existence de mouvements turbulents.

6 f. Instabilité du mouvement régulier par lames. *J. W. Strutt* (lord *Rayleigh*), dans ses recherches sur les filets fluides, a discuté la stabilité et l'instabilité des mouvements par lames. Dans un fluide parfait, des mouvements dans lesquels se produisent des surfaces de discontinuité sont théoriquement possibles[442]); *ils semblent être instables si les surfaces de discontinuité sont isolées des parois solides et sont indéfinies dans tous les sens. Le fait que, dans la réalité, de telles surfaces se détachent d'une paroi solide à laquelle elles se raccordent, est probablement susceptible d'en augmenter la stabilité[443]).* Quoi qu'il en soit, il semble que la tendance à l'instabilité soit d'autant plus grande que la longueur d'onde de la perturbation est plus courte[444]).

Si l'on tient compte de la viscosité, des surfaces de discontinuité ne peuvent pas subsister en général, mais des deux côtés de la surface se produit un mouvement tourbillonnaire réalisant ainsi une sorte de couche de passage[445]). Dans un fluide parfait une telle couche de passage peut rendre le mouvement stable.

---

439) Mém. Institut national sc. et arts, sc. math. phys. 3, Paris an IX, M. p. 176/97 [an VII]. La méthode a été utilisée par *O. E. Meyer* [J. reine angew. Math. 59 (1861), p. 229/303] et par *J. Clerk Maxwell* [Philos. Trans. London 156 (1866), p. 249/68].

440) Report Brit. Assoc. 42, Brighton 1872, éd. Londres 1873, p. 118/24. Cf. *W. C. Unwin*, Article „Hydromechanics" Part. III, Hydraulics [Encyclopaedia britannica, (9e éd.) 12, Edimbourg 1881, p. 459 et suiv.].

441) Cette règle que la résistance est proportionnelle au carré de la vitesse avait été donnée par *I. Newton*, Principia math.[357]) livre 2, section 7; (2e éd.), Cambridge 1714; Opera, éd. *S. Horsley* 2, p. 383; trad. marquise *du Châtelet* 1, p. 347. Elle semble avoir été acceptée par *J. d'Alembert* [Essai d'une nouvelle théorie sur la résistance des fluides, Paris 1752, p. 102].

442) Voir n° 1 c.

443) *Voir *M. Brillouin*, Ann. Fac. sc. Toulouse (1) 1 (1887), revue de physique p. 1/80; Ann. chimie et phys. (8) 23 (1911), p. 145/230.*

444) *J. W. Strutt*, Proc. London math. Soc. (1) 10 (1878/9), p. 8/9; Papers 1, Cambridge 1899, p. 366.

445) *J. W. Strutt*, Proc. London math. Soc. (1) 11 (1879/80), p. 57; Papers 1, Cambridge 1899, p. 475; *cf. *H. Poincaré*, Théorie des tourbillons, Paris 1893, p. 173.*

**H. Blasius* [Z. Math. Phys. 56 (1908), p. 1/37] a utilisé de telles couches de passage pour l'étude de la résistance des fluides à très petit frottement; il

Si un mouvement par lames d'un fluide parfait avec la vitesse

$$u_0 = f(y)$$

entre deux plans $y = \text{const.}$ vient à être troublé, la vitesse après la perturbation peut être supposée de la forme

$$(u_0 + u', v).$$

Si le mouvement après la perturbation a le caractère d'un mouvement ondulatoire de vitesse (réelle) de propagation W, le mouvement par lames est certainement stable[446]). Dans ces conditions v vérifie, pour chaque couche de fluide dans laquelle $\frac{du_0}{dy}$ est continu, une équation de la forme

$$(1) \qquad (u_0 - W)\left(\frac{d^2 v}{dy^2} - k^2 v\right) - \frac{d^2 u_0}{dy^2} \cdot v = 0;$$

d'autre part v vérifie des conditions déterminées aux limites et le long des surfaces pour lesquelles $\frac{du_0}{dy}$ est discontinu.

Ces équations et conditions suffisent dans certains cas[447]) à la détermination de W dans l'hypothèse d'une perturbation de longueur d'onde $\frac{2\pi}{k}$. Si la valeur de W pouvait être prise par u_0 à un endroit quelconque, il surgirait une difficulté particulière[448]), car en ce point

en a déduit une théorie qui donne, de la naissance des surfaces de discontinuité, une description très satisfaisante.

Le même cas des fluides à très petit frottement a donné naissance à d'intéressantes et récentes études de *L. Prandtl* [Verhandl. des 3. internat. Kongresses Heidelberg 1904, publ. par *A. Krazer,* Leipzig 1905, p. 484/91]; *H. Blasius* [Diss. Göttingue 1907; Z. Math. Phys. 58 (1910), p. 225/33]; *E. Boltze* [Diss. Göttingue 1908]; *O. Föppl* [Jahrbuch der Motorluftschiff-Studiengesellschaft 4 (1910/1), p. 51/119; Zeitschrift für Flugtechnik und Motorluftschiffahrt 3 (1912), p. 65/8]; études auxquelles on doit rattacher celles de *Th. von Kármán* et *H. Rubach,* relatives également à la résistance des fluides [Nachr. Ges. Gött. 1911, math.-phys. p. 509/17; id. 1912, math.-phys. p. 547/56; Physikalische Zeitschrift 13 (1911/2), p. 49/59].*

446) *J. W. Strutt* (lord *Rayleigh*) a traité ce sujet dans une suite de Mémoires [Proc. London math. Soc. (1) 11 (1879/80), p. 57/70; (1) 19 (1887/8), p. 67/74; (1) 27 (1895/6), p. 5/12; London Edinb. Dublin philos. mag. (5) 34 (1892), p. 59/70; Papers 1, Cambridge 1899, p. 474/87; 3, Cambridge 1903, p. 17/23, 575/84; 4, Cambridge 1903, p. 203/9].

447) Le cas le plus remarquable est celui où $\frac{du_0}{dy}$ est discontinu dans une série de plans $y = \text{const.}$ et croît toujours dans le même sens. Voir *J. W. Strutt*[446]). Si $\frac{du_0}{dy}$ varie de manière continue, la méthode ne semble applicable qu'à quelques types particuliers de perturbations; voir *A. E. H. Love*, Proc. London math. Soc. (1) 27 (1895/6), p. 199/213.

448) *W. Thomson*, On a disturbing infinity in Lord Rayleigh's solution [Report British Assoc. 50, Swansea 1880, éd. Londres 1880, p. 492/3; Papers 4, Cambridge (Londres) 1910, p. 186/7].

l'équation (1) présenterait une singularité, et des points singuliers sont impossibles dans un espace rempli de fluide.

Si l'on tient compte de la viscosité, et si l'on modifie le mouvement défini par l'équation[449])

$$u_0 = \frac{3}{2} U \left(1 - \frac{y^2}{c^2}\right)$$

par l'addition de petites vitesses u', v, w, contenant dans leur ensemble le facteur $e^{i(\sigma t + \alpha x + \beta z)}$, tandis que les autres facteurs sont fonctions de y, l'équation en v[450]) devient

$$(2) \quad \nu \left[\frac{d^4 v}{d y^4} - 2(\alpha^2 + \beta^2)\frac{d^2 v}{d y^2} + (\alpha^2 + \beta^2)^2 v\right] - i\sigma\left[\frac{d^2 v}{d y^2} - (\alpha^2 + \beta^2) v\right] - \frac{3U}{c^2} i\alpha v - \frac{3}{2} U\left(1 - \frac{y^2}{c^2}\right) i\alpha \left[\frac{d^2 v}{d y^2} - (\alpha^2 + \beta^2) v\right] = 0.$$

De plus v doit aussi remplir des conditions déterminées aux limites. Comme cette équation n'a aucune singularité à distance finie, une cause évidente d'instabilité se trouve ainsi écartée[450]) de ce fait qu'on a utilisé les équations du mouvement des fluides visqueux, au lieu de représenter les actions du frottement par des couches de passage dans un fluide parfait.

Pour établir la stabilité, il faut que l'équation (2), eu égard aux conditions aux limites, conduise à des valeurs de $i\sigma$ dont la partie réelle soit négative ou nulle[451]). Dans le cas de $U = 0$[452]), on a trouvé que $i\sigma$ est réel et négatif, de même si la perturbation est telle que $w = 0$, u' et v étant indépendants de x et de z[453]). Mais ces résultats jettent peu de lumière sur la question générale.

Au lieu d'essayer de discuter la stabilité du mouvement par lames au moyen de la méthode des petites oscillations, on a proposé de chercher un critère d'énergie[454]) permettant de déterminer

449) Voir nº 6d, équations (3).

450) *W. Thomson*, London Edinb. Dublin philos. mag. (5) 24 (1887), p. 188/96; Papers 4, Cambridge (Londres) 1910, p. 321/30.

451) Ce résultat a été trouvé par *J. W. Strutt*, London Edinb. Dublin philos. mag. (5) 34 (1892), p. 59/70; Proc. London math. Soc. (1) 27 (1895/6), p. 5/12; Papers 3, Cambridge 1902, p. 575/84; 4, Cambridge 1903, p. 203/9; *W. Thomson*[450]) avait affirmé auparavant que le mouvement par lames est constamment stable.

452) *J. W. Strutt*[451]).

453) Ce résultat avait été proposé comme épreuve pour „the Math. Tripos" [Cambr. Univ. Exam. Papers 1896].

454) *O. Reynolds*[431]) trouva l'équation (5); la théorie a été continuée par *H. A. Lorentz*, K. Akad. Wetensch. Amsterdam, Verslagen natuurk. Afdeeling 6 (1897/8), p. 28; Abh. über theoretische Physik 1, Leipzig 1907, p. 43. Ce dernier donna les

si un mouvement faiblement turbulent tend vers une agitation plus ou moins intense. Le mouvement est représenté par la superposition d'une vitesse (u', v', w') de période τ, et d'une vitesse moyenne $(\bar{u}, \bar{v}, \bar{w})$. Cette dernière vérifie des équations de la forme (2) [IV 17, **12**], en supposant que $p_{xx}, p_{yy}, p_{zz}, p_{xy}, p_{yz}, p_{zx}$ sont remplacés par les valeurs

$$(3)\quad \begin{cases} p_{xx} = 2\mu \dfrac{\partial \bar{u}}{\partial x} - \varrho \bar{u}'^2 - \bar{p}, \\ p_{yy} = 2\mu \dfrac{\partial \bar{v}}{\partial y} - \varrho \bar{v}'^2 - \bar{p}, \\ p_{zz} = 2\mu \dfrac{\partial \bar{w}}{\partial z} - \varrho \bar{w}'^2 - \bar{p}, \\ p_{yz} = \mu \left(\dfrac{\partial \bar{w}}{\partial y} + \dfrac{\partial \bar{v}}{\partial z}\right) - \varrho \bar{v}' \bar{w}', \\ p_{zx} = \mu \left(\dfrac{\partial \bar{u}}{\partial z} + \dfrac{\partial \bar{w}}{\partial x}\right) - \varrho \bar{w}' \bar{u}', \\ p_{xy} = \mu \left(\dfrac{\partial \bar{v}}{\partial x} + \dfrac{\partial \bar{u}}{\partial y}\right) - \varrho \bar{u}' \bar{v}'. \end{cases}$$

La pression se compose d'une pression moyenne $\bar{p}$ et d'une pression variable périodique p'. Les quantités u', v', w', p', vérifient des équations de la forme[455])

$$(4)\quad \frac{\partial u'}{\partial t} + \bar{u} \frac{\partial u'}{\partial x} + \bar{v} \frac{\partial u'}{\partial y} + \bar{w} \frac{\partial u'}{\partial z} + u' \frac{\partial \bar{u}}{\partial x} + v' \frac{\partial \bar{u}}{\partial y} + w' \frac{\partial \bar{u}}{\partial z}$$
$$= -\frac{1}{\varrho} \frac{\partial p'}{\partial x} + \nu \Delta u' + \frac{\partial (\bar{u}'^2)}{\partial x} + \frac{\partial (\bar{u}' \bar{v}')}{\partial y} + \frac{\partial (\bar{u}' \bar{w}')}{\partial z}$$
$$- \frac{\partial (u'^2)}{\partial x} - \frac{\partial (u' v')}{\partial y} - \frac{\partial (u' w')}{\partial z},$$

la vitesse (u', v', w') devant être dans chaque cas solénoïdale.

Si l'on pose

$$\frac{d}{dt} = \frac{\partial}{\partial t} + \bar{u} \frac{\partial}{\partial x} + \bar{v} \frac{\partial}{\partial y} + \bar{w} \frac{\partial}{\partial z},$$

l'accroissement d'énergie du mouvement turbulent est déterminé par l'équation

$$(5)\quad \frac{d}{dt} \iiint \frac{1}{2} \varrho (u'^2 + v'^2 + w'^2) dx\, dy\, dz = \varrho \iiint M\, dx\, dy\, dz$$
$$- \varrho \nu \iiint N\, dx\, dy\, dz,$$

équations (3) et (4) et montra comment on peut tirer des conséquences des équations (6) et (7) en discutant en détail le cas d'un tuyau circulaire. *Au sujet de l'application d'un critère d'énergie aux systèmes affectés de viscosité, voir *P. Duhem* [Mém. Soc. sc. phys. nat. Bordeaux (6) 3 (1903), p. 121/40; C. R. Acad. sc. Paris 135 (1902), p. 1088].*

455) *H. A. Lorentz* a communiqué à *A. E. H. Love* la forme corrigée de ces équations.

où l'on a

$$(6)\qquad M = -\Big[u'^2 \frac{\partial \bar{u}}{\partial x} + v'^2 \frac{\partial \bar{v}}{\partial y} + w'^2 \frac{\partial \bar{w}}{\partial z} + v'w' \left(\frac{\partial \bar{w}}{\partial y} + \frac{\partial \bar{v}}{\partial z}\right) + w'u' \left(\frac{\partial \bar{u}}{\partial z} + \frac{\partial \bar{w}}{\partial x}\right) + u'v' \left(\frac{\partial \bar{v}}{\partial x} + \frac{\partial \bar{u}}{\partial y}\right)\Big],$$

$$(7)\qquad N = 2\left(\frac{\partial u'}{\partial x}\right)^2 + 2\left(\frac{\partial v'}{\partial y}\right)^2 + 2\left(\frac{\partial w'}{\partial z}\right)^2 + \left(\frac{\partial w'}{\partial y} + \frac{\partial v'}{\partial z}\right)^2 + \left(\frac{\partial u'}{\partial z} + \frac{\partial w'}{\partial x}\right)^2 + \left(\frac{\partial v'}{\partial x} + \frac{\partial u'}{\partial y}\right)^2.$$

Pour qu'un mouvement faiblement turbulent tende vers une agitation plus intense, il faut que la quantité M soit positive, et que la première expression du second membre de (5) soit supérieure à la deuxième. Au moyen de ces formules en M et N se confirme le résultat expérimental que dans des espaces étroits le mouvement tend à être régulier, tandis que dans de larges espaces, le mouvement turbulent est de règle.

*L'étude des mouvements turbulents, après les travaux de *H. A. Lorentz*, a été reprise, avec une méthode tout à fait distincte, par *A. Sommerfeld*[456]). Considérant le mouvement plan d'un fluide entre deux droites parallèles, l'une immobile, l'autre mobile parallèlement à la première avec une vitesse constante, il étudie la stabilité d'un tel mouvement par la méthode des petites oscillations il trouve la condition limite d'instabilité sous forme d'une équation transcendante. *A. G. M. Michell*[457]) applique les mêmes principes à un cas où la solution peut être obtenue dans un mouvement à trois dimensions. Récemment, *G. Hamel*[458]) critique la méthode de *A. Sommerfeld* à laquelle il reproche de ne fournir qu'une condition nécessaire, mais peut-être pas suffisante, de stabilité. Reprenant la voie indiquée par *O. Reynolds* et *H. A. Lorentz*, en utilisant le critère d'énergie, *G. Hamel* parvient à montrer que, pour le mouvement plan entre deux droites parallèles, la valeur critique de la vitesse est la première valeur caractéristique (au sens de la théorie des équations intégrales linéaires), d'une certaine équation de *I. Fredholm* dont le noyau se forme simplement au moyen de la fonction de *G. Green* de l'équation

$$\Delta\Delta\varphi = 0,$$

où

$$\Delta\varphi = \frac{\partial^2\varphi}{\partial x^2} + \frac{\partial^2\varphi}{\partial y^2}$$

456) *Atti del quarto congresso internazionale dei matematici in Roma 1908, publ. par *G. Castelnuovo* 3, Rome 1909, p. 116/24.*

457) *Z. Math. Phys. 52 (1905), p. 123/37.*

458) *Nachr. Ges. Gött. 1911, math. phys. p. 261/70; Monatsh. Math. Phys. 23 (1912), p. 312/20.*

et

$$\Delta\Delta\varphi = \frac{\partial^2 \Delta\varphi}{\partial x^2} + \frac{\partial^2 \Delta\varphi}{\partial y^2}.$$

Le cas spécial d'une bande de largeur infinie a été étudié particulièrement par *C. W. Oseen*[459]), dont nous avons signalé plus haut les importants travaux se rattachant à la théorie des mouvements turbulents [voir **6** a][460]).

6f. L'Hydrodynamique de P. Duhem. *Il est impossible, pour terminer cette étude, de ne pas faire une place tout à fait à part aux travaux de *P. Duhem*[461]) sur l'hydrodynamique générale des fluides visqueux ou non. Cet auteur, après avoir donné à la Mécanique rationnelle une forme nouvelle et beaucoup plus générale que celle considérée jusqu'alors, a procédé à une revision des principes de l'Hydrodynamique, ce qui l'a conduit à la construction de théories nouvelles des plus importantes.

En désignant toujours par u, v, w les composantes de la vitesse d'une molécule fluide, par ϱ sa densité, par Π sa pression, par T sa température absolue et θ désignant la combinaison $\frac{\partial u}{\partial x} + \frac{\partial v}{\partial y} + \frac{\partial w}{\partial z}$, *P. Duhem* obtient, pour les fluides supposés continus et isotropes, les équations du mouvement sous la forme suivante:

$$(1)\left\{\begin{aligned} &\frac{\partial \Pi}{\partial x} - \varrho(X_i + X_e) + \varrho\left(\frac{\partial u}{\partial t} + u\frac{\partial u}{\partial x} + v\frac{\partial v}{\partial y} + w\frac{\partial w}{\partial z}\right) \\ &\quad - [\lambda(\varrho, T) + \mu(\varrho, T)]\frac{\partial \theta}{\partial x} - \mu(\varrho, T)\Delta u - \theta\left(\frac{\partial \lambda}{\partial \varrho}\frac{\partial \varrho}{\partial x} + \frac{\partial \lambda}{\partial T}\frac{\partial T}{\partial x}\right) \\ &\quad - \left[2\frac{\partial u}{\partial x}\frac{\partial \varrho}{\partial x} + \left(\frac{\partial u}{\partial y} + \frac{\partial v}{\partial x}\right)\frac{\partial \varrho}{\partial y} + \left(\frac{\partial u}{\partial z} + \frac{\partial w}{\partial x}\right)\frac{\partial \varrho}{\partial z}\right]\frac{\partial \mu}{\partial \varrho} \\ &\quad - \left[2\frac{\partial u}{\partial x}\frac{\partial T}{\partial x} + \left(\frac{\partial u}{\partial y} + \frac{\partial v}{\partial x}\right)\frac{\partial T}{\partial y} + \left(\frac{\partial u}{\partial z} + \frac{\partial w}{\partial x}\right)\frac{\partial T}{\partial z}\right]\frac{\partial \mu}{\partial T} = 0, \end{aligned}\right.$$

et deux autres équations analogues en y et z, dans lesquelles λ et μ représentent deux coefficients, que les théories ordinaires de la viscosité avaient supposé constants (avec même en général la relation $3\lambda + 2\mu = 0$) et sur lesquels on suppose ici seulement les inégalités

$$\mu \geqq 0, \qquad 3\lambda + 2\mu \geqq 0.$$

A ces équations (1), il faut joindre l'équation de continuité

$$(2) \qquad \frac{\partial \varrho}{\partial t} + \frac{\partial(\varrho u)}{\partial x} + \frac{\partial(\varrho v)}{\partial y} + \frac{\partial(\varrho w)}{\partial z} = 0$$

459) *Arkiv mat. astron. och fys. Stockholm 7 (1911/2), mém. n° 15, p. 1/20.*

460) *Cf. n° **6** a, p. 182.*

461) *Ann. Fac. sc. Toulouse (2) 3 (1901), p. 315/431; (2) 4 (1902), p. 101/69; (2) 5 (1903), p. 5/61, 197/255, 353/404; Recherches sur l'hydrodynamique, première série, Paris 1903, p. 1/213; deuxième série, Paris 1904, p. 1/153.*

et l'équation en termes finis[462])

$$(3) \qquad \Pi + \varrho^2(A_i + A_e) - \varrho^2 \frac{\partial \zeta(\varrho, T)}{\partial \varrho} = 0.$$

Les cinq équations (1), (2) et (3) ne sont pas suffisantes pour étudier les problèmes, même les plus simples, puisqu'il y a six inconnues, u, v, w, ϱ, Π, T, à déterminer. Il faut y joindre une *relation supplémentaire* empruntée à d'autres considérations que les précédentes tirées de l'énergétique.

Toutes les fois qu'une hypothèse nouvelle fournira une expression de la quantité de chaleur dégagée pendant le temps dt, par chaque élément $d\varpi$ du fluide, on sera en état d'écrire une telle relation supplémentaire. Par exemple, si l'on suppose que la chaleur se transmette uniquement par conductibilité et non par rayonnement, avec un coefficient de conductibilité égal à $k(\varrho, T)$, et si l'on suppose que la transmission ait lieu suivant la théorie de Fourier, la relation supplémentaire en question peut être écrite (E désignant l'équivalent mécanique de la chaleur), sous la forme

$$(4) \left\{ \begin{aligned} & k(\varrho T)\Delta T + \frac{\partial k}{\partial T}\left[\left(\frac{\partial T}{\partial x}\right)^2 + \left(\frac{\partial T}{\partial y}\right)^2 + \left(\frac{\partial T}{\partial z}\right)^2\right] + \frac{\partial k}{\partial \varrho}\left[\frac{\partial T}{\partial x}\frac{\partial \varrho}{\partial x} + \frac{\partial T}{\partial y}\frac{\partial \varrho}{\partial y} + \frac{\partial T}{\partial z}\frac{\partial \varrho}{\partial z}\right] \\ & + \frac{T}{E}\varrho\frac{\partial^2 \zeta}{\partial T^2}\left(\frac{\partial T}{\partial t} + u\frac{\partial T}{\partial x} + v\frac{\partial T}{\partial y} + w\frac{\partial T}{\partial z}\right) - \frac{T}{E}\varrho^2\frac{\partial^2 \zeta}{\partial \varrho \partial T}\left(\frac{\partial u}{\partial x} + \frac{\partial v}{\partial y} + \frac{\partial w}{\partial z}\right) \\ & + \frac{\lambda(\varrho, T)}{E}\left(\frac{\partial u}{\partial x} + \frac{\partial v}{\partial y} + \frac{\partial w}{\partial z}\right)^2 \\ & + \frac{2\mu(\varrho, T)}{E}\left[\left(\frac{\partial u}{\partial x}\right)^2 + \left(\frac{\partial v}{\partial y}\right)^2 + \left(\frac{\partial w}{\partial z}\right)^2 + \left(\frac{\partial v}{\partial z} + \frac{\partial w}{\partial y}\right)^2 + \left(\frac{\partial w}{\partial x} + \frac{\partial u}{\partial z}\right)^2 + \left(\frac{\partial u}{\partial y} + \frac{\partial v}{\partial x}\right)^2\right] = 0. \end{aligned} \right.$$

Pour un fluide très conducteur, cette relation se réduit à

$$\frac{\partial}{\partial x}\left[k(\varrho, T)\frac{\partial T}{\partial x}\right] + \frac{\partial}{\partial y}\left[k(\varrho, T)\frac{\partial T}{\partial y}\right] + \frac{\partial}{\partial z}\left[k(\varrho, T)\frac{\partial T}{\partial z}\right] = 0.$$

Pour un fluide très mauvais conducteur, il faut faire $k = 0$ dans la condition (4). Pour un fluide non conducteur et non visqueux, on a en outre $\lambda = \mu = 0$, et il reste

$$\frac{\partial^2 \zeta}{\partial T^2}\frac{\partial T}{\partial t} + \frac{\partial^2 \zeta}{\partial \varrho \partial T}\frac{\partial \varrho}{\partial t} = 0.$$

Dans tous les cas on a six équations pour déterminer les six inconnues.

Le cas des fluides incompressibles est particulièrement important. Si le fluide, incompressible, est dilatable ($\varrho = f(T)$) ou indilatable

462) *Les fonctions ζ, X_i, Y_i, Z_i, A_i sont celles qui interviennent dans la définition du potentiel interne [cf. Le potentiel thermodynamique et la pression hydrostatique, Ann. Éc. Norm. (3) 10 (1893), p. 214]. Les fonctions X_e, Y_e, Z_e, A_e sont celles qui interviennent dans la définition du travail externe.*

(ϱ = const.) l'équation (3) n'est plus légitime. Mais, par exemple dans le second cas (ϱ = const.) les équations du mouvement sont

$$(1')\quad \begin{cases} \dfrac{\partial \Pi}{\partial x} - \varrho(X_i + X_e) + \varrho\left(\dfrac{\partial u}{\partial t} + u\dfrac{\partial u}{\partial x} + v\dfrac{\partial u}{\partial y} + w\dfrac{\partial u}{\partial z}\right) - \mu(T)\Delta u \\ \qquad - \left[2\dfrac{\partial u}{\partial x}\dfrac{\partial T}{\partial x} + \left(\dfrac{\partial u}{\partial y} + \dfrac{\partial v}{\partial x}\right)\dfrac{\partial T}{\partial y} + \left(\dfrac{\partial u}{\partial z} + \dfrac{\partial w}{\partial x}\right)\dfrac{\partial T}{\partial z}\right]\dfrac{d\mu}{dT} = 0, \\ \text{et deux analogues} \end{cases}$$

$$(2')\qquad \frac{\partial u}{\partial x} + \frac{\partial v}{\partial y} + \frac{\partial w}{\partial z} = 0,$$

$$(3')\quad \begin{cases} k(T)\Delta T + \dfrac{dk}{dT}\left[\left(\dfrac{\partial T}{\partial x}\right)^2 + \left(\dfrac{\partial T}{\partial y}\right)^2 + \left(\dfrac{\partial T}{\partial z}\right)^2\right] \\ + \varrho\dfrac{T}{E}\dfrac{\partial^2 \zeta(\varrho, T)}{\partial T^2}\left(\dfrac{\partial T}{\partial t} + u\dfrac{\partial T}{\partial x} + v\dfrac{\partial T}{\partial y} + w\dfrac{\partial T}{\partial z}\right) \\ + \dfrac{2\mu(T)}{E}\left[\left(\dfrac{\partial u}{\partial x}\right)^2 + \left(\dfrac{\partial v}{\partial y}\right)^2 + \left(\dfrac{\partial w}{\partial z}\right)^2 + \left(\dfrac{\partial v}{\partial z} + \dfrac{\partial w}{\partial y}\right)^2 + \left(\dfrac{\partial w}{\partial x} + \dfrac{\partial u}{\partial z}\right)^2 + \left(\dfrac{\partial u}{\partial y} + \dfrac{\partial v}{\partial x}\right)^2\right] = 0 \end{cases}$$

soient cinq équations à cinq inconnues, u, v, w, Π, T.

On voit que les équations, dites générales, employées dans l'hydrodynamique classique, rentrent dans les équations de *P. Duhem* comme cas très particulier. On prévoit aisément combien par suite les équations classiques sont restrictives, et en effet elles ne permettent d'étudier complètement que trois cas:

1°) le cas des fluides incompressibles et indilatables;

2°) le cas des fluides compressibles, parfaitement conducteurs, limités par une surface portée à une température uniforme et invariable;

3°) le cas des fluides compressibles dont les éléments sont sans action les uns sur les autres, sans conductibilité ni viscosité, l'état initial étant en outre un état de température uniforme, où il est maintenu en équilibre par des actions extérieures réduites aux pressions appliquées à la surface.

En général, l'intégrale d'un problème d'hydrodynamique posé comme on l'a dit plus haut, ne sera pas formée de fonctions continues ou analytiques dans toute l'étendue du milieu; il arrivera que telle de ces fonctions sera discontinue le long d'une certaine surface; ou bien que, la fonction demeurant continue à la traversée d'une telle surface, ses dérivées partielles subiront une variation brusque; ou bien que ces discontinuités frapperont les dérivées partielles du second, troisième, ..., $n^{\text{ième}}$ ordre. L'étude de ces *ondes des divers ordres* est la première question à examiner: avant de rechercher les intégrales des équations du mouvement, il faut délimiter les domaines dans lesquelles elles sont continues et analytiques.

Abréviations.

Dans les publications de l'académie des sciences de Paris, H. signifie Histoire; M. signifie mémoires.

I_3 = renvoi au tome premier; troisième volume.

(I 2, 19) = renvoi au tome premier, article 2, numéro 19.

Dans les Notes, un nombre α en exposant indique un renvoi à la note α du même article.

(2) 8 (1812), éd. 1816, p. 57 [1810] = deuxième série, tome ou volume 8, année 1812, édité en 1816, page 57, lu ou signé en 1810.

La transcription des lettres russes a lieu conformément à l'orthographe tchèque.

En particulier *č* se prononce *tch*, *c* se prononce *tz*, *š* se prononce comme *ch* dans *chat*, *ž* se prononce comme notre *j* dans *je*, *j* se prononce comme notre *y* dans *essayer*.

Abh. = Abhandlungen.
Acad. = Academie.
Accad. = Accademia.
Akad. = Akademie.
Alg. = Algèbre, Algebra.
Allg. = Allgemeine.
Amer. = American.
Ann. = Annalen, Annales, Annali.
Anw. = Anwendung.
appl. = appliqué.
arit. = aritmetica.
arith. = Arithmetik, arithmétique.
assoc. = association.
Aufs. = Aufsätze.
Avanc. = Avancement.
Ber. = Berichte.
Bibl. Congrès = bibliothèque du Congrès.
Bibl. math. = Bibliotheca mathematica.
Brit. = British.
Bull. = Bulletin.
Bull. bibl. = Bulletino bibliografico.
cah. = cahier.
Cambr. = Cambridge.
car. = carton.
cf. = comparez.
chap. = chapitre.
chim. = chimie, chimique.
circ. = circolo.
circul. = circular.
col. = colonne.
Comm. = Commentarii.
Commentat. = Commentationes.
Corresp. = Correspondance.
C. R. = Comptes rendus.
déf. = définition.
Denkschr. = Denkschriften.
Diss. = Dissertation.
Ec. = Ecole.
éd. = édité à, édité par, édition.
Edinb. = Edinburgh.
Educ. = Educational.
elem. = elementare.
élém. = élémentaire.
ex. = exemple.
extr. = extrait.
fasc. = fascicule.
fig. = figure.
fis. = fisica.
fol. = folio.
Géom. = Géométrie.
Ges. = Gesellschaft.
Gesch. = Geschichte.
Giorn. = Giornale.
Gött. = Göttingen, Göttingue.
Gymn. = Gymnasium.
Hist. = Histoire.
id. = idem, ibidem.
imp. = imprimé.
inscr. = inscription.
inst. = institution.
interméd. = intermédiaire.
intern. = international.
introd. = introduction.
Ist. = Istituto.
J. = Journal.
Jahresb. = Jahresbericht.
Lehrb. = Lehrbuch.
Leop. = Leopoldina.
Lpz., Lps. = Leipzig.
Mag. = Magazine.
Méc. = Mécanique.
med. = medicinisch.
Mém. = Mémoire.
métaph. = métaphysique.
Mitt. = Mitteilung.
Monatsh. = Monatshefte.
Monatsb. = Monatsberichte.
ms., mss. = manuscrit, manuscrits.
Nachr. = Nachrichten.
nat. = naturelle.
naturf. = naturforschende.
naturw. = naturwissenschaftlich.
norm. = normale.
nouv. = nouveau, nouvelle.
num. = numérique.
numism. = numismatique.
Op. = Opera.
Opusc. = Opuscule.
Overs. = Oversight.
p. = page.
p. ex., par ex. = par exemple.
partic. = particulier.
Petrop., Pétersb. = Saint Pétersbourg.
philol. = philologie.
philom. = philomathique.
philos. = philosophique.
phys. = physique.
pl. = planche.
polyt. = polytechnique.
pontif. = pontificia.
posth. = posthume.
Proc. = Proceeding.
progr. = programme.
prop. = proposition.
publ. = publié.
Quart. = Quarterly.
R. = reale, royal.
Recent. = Recentiores.
Rendic. = Rendiconto.
réimp. = réimprimé.
sc. = sciences.
Schr. = Schriften.
scient. = scientifique.
s. d. = sans date.
sect. = section.
Selsk. = Selskabs.
sign. = signature.
Sitzgsb. = Sitzungsberichte.
s. l. = sans lieu.
spéc. = spéciale.
suiv. = suivante.
sup. = supérieure.
suppl. = supplément.
soc. = société.
theor. = theoretische.
trad. = traduction.
Trans. = Transactions.
Unterh. = Unterhaltung.
Ver. = Vereinigung.
Verh. = Verhandlung.
Vetensk. = Vetenskabs.
Viertelj. = Vierteljahresschrift.
vol. = volume.
Vorles. = Vorlesung.
Wiss. = Wissenschaft, wissenschaftlich.
Z. = Zeitschrift.

LIBRAIRIE GAUTHIER-VILLARS ET CIE.

Quai des Grands-Augustins, 55, PARIS (6e)

BRILLOUIN (MARCEL), Leçons sur la viscosité des liquides et des gaz. Deux volumes in-8 (25-16).

Ire Partie: Vol. de VII-224 pages, avec 65 figures; 1906 . . . . 9 fr.
II^re Partie: Vol. de IV-142 pages, avec 25 figures; 1907 . . . . 5 fr.

CAUCHY (Aug.), Œuvres complètes, publiées sous la direction de l'Académie des Sciences de Paris. 27 volumes in-4 (28-23).

I^e Série. **Mémoires, Notes et Articles extraits des Recueils de l'Académie des Sciences.** 12 volumes, avec la Table générale de la Ire Série. . . 300 fr.
Chaque volume se vend séparément . . . . 25 fr.

IIe Série. **Mémoires extraits de divers Recueils. Ouvrages. Mémoires publiés séparément.** 15 volumes. Chacun des neuf volumes parus . . . . 25 fr.

POINCARÉ (H.), Théorie du potentiel newtonien. In-8 (25-16) de 366 pages, avec 88 figures; 1899. . . . . 14 fr.

POINCARÉ (H.), Théorie des tourbillons. In-8 (25-16) de 212 pages, avec 42 figures; 1893 . . . . 6 fr.

TISSERAND (FÉLIX), Traité de Mécanique céleste. Quatre volumes in-4 (28-23); avec figures.

Tome I; 1889, ... 25 fr.
Tome II; 1891, ... 28 fr.
Tome III; 1894, ... 22 fr.
Tome IV; 1896, ... 28 fr.

B. G. TEUBNER IN LEIPZIG

Poststraße 3

v. BRILL, A., Vorlesungen zur Einführung in die Mechanik raumerfüllender Massen. Mit 27 Fig. [X u. 236 S.] gr. 8. 1909. Geh. *M* 7.—, in Leinw. geb. *M* 8.—

FORCHHEIMER, PH., Hydraulik. [X u. 566 S.] gr. 8. 1914. Geh. *M* 18.—, in Leinw. geb. *M* 19.—

KIRCHHOFF, G., Vorlesungen über Mechanik. Mit Figuren. 4. Auflage von W. Wien. [X u. 464 S.] gr. 8. 1897. Geh. *M* 13.—, in Leinw. geb. *M* 15.—

LAMB, H., Lehrbuch der Hydrodynamik. Deutsche autorisierte Ausgabe, nach der 3. englischen Auflage besorgt von Joh. Friedel. Mit 79 Figuren. [XIV u. 788 S.] gr. 8. 1907. In Leinw. geb. M. 20.—

LORENTZ, H. A., Abhandlungen über theoretische Physik. In 2 Bänden. Band I. Mit 40 Figuren. [IV u. 489 S.] gr. 8. 1907. Geh. *M* 16.—, in Leinw. geb. *M* 17.—. Band II. [In Vorbereitung.]

LOVE, A. E. H., Lehrbuch der Elastizität. Deutsche, autorisierte Ausgabe unter Mitwirkung des Verfassers besorgt von A. Timpe. Mit 75 Figuren. [XVI u. 664 S.] gr. 8. 1907. In Leinw. geb. *M* 16.—

MARCOLONGO, R., theoretische Mechanik. Deutsch von H. E. Timerding. 2 Bände. gr. 8. Geh. je *M* 10.—, in Leinw. geb. je *M* 11.—

I. Band: Kinematik und Statik. Mit 110 Figuren. [VIII u. 346 S.] 1911.
II. – Dynamik und Mechanik der deformierbaren Körper. Mit 38 Fig. 1912. [VIII u. 344 S.]

v. Mises, R., Elemente der technischen Hydromechanik. 2 Teile. I. Teil. Mit 72 Figuren. [VIII u. 212 S.] 8. 1914. Geh. *M* 5.40, in Leinw. geb. *M* 6.—. II. Teil. [In Vorbereitung.]

www.ingramcontent.com/pod-product-compliance
Ingram Content Group UK Ltd.
Pitfield, Milton Keynes, MK11 3LW, UK
UKHW022116190726
13855UKWH00003B/886

9 782013 4358